KB069464

모든 것에 양자가 있다

우리의 일상을 이루는 양자역학의 모든 것

모든 것에 양자가 있다

요시다 노부오 지음
김정환 옮김
강형구 감수

문학수첩

'양자론'이라는 말을 들으면 여러분은 무엇이 떠오르는가? 어느 정도 과학에 관심 있는 사람이라면 '슈뢰딩거의 고양이'나 '평행 우주' 같은 화제를 떠올릴지 모른다. 고등학교 물리 시간에 배운 원자의 구조 같은 미시적인 세계를 기술하는 이론이었음을 기억하는 사람도 있을 것이다. 어쨌든 우리의 일상생활과는 아무런 관계도 없는 이론이며 괴짜 물리학자와 일부 과학 애호가들만이 재미있어하는 분야라고 생각하는 사람이 많은 듯하다.

그러나 사실 양자론은 우리의 생활과 깊이 관련되어 있다. 왜 유리는 투명하고, 금속은 반짝반짝 빛날까? 왜 얼음은 다이아몬드보다 쉽게 깨지고, 소금은 금방 물에 녹을까? 물질과 관련된 이런 의문에 답하려면 대체로 양자론의 지식이 필요하다. 그뿐만이 아니다. 컴퓨터나 스마트폰 같은 IT 기기를 작동시키는 반도체도 양자론에 기반을 두고 설계된다.

또한 왜 이 세계에 질서가 존재하느냐는 근원적인 수수께끼에 대해서도 양자론이 그 해답의 열쇠를 쥐고 있다. 물체에 형태가 존재하는 이유는 원자가 양자론에 따라서 규칙적으로 배열되어 결정구조를 실현하기 때문이다. 이런 구조는 원자가 사실은 파동이며, 특정하게 배열되었을 때 안정된 공명(共鳴) 상태를 형성한다고 생각하면 이해하기가 쉬워진다. 파동의 효과는 생명이 질서 있게 활동할 때도 본질적인 역할을 한다.

양자론은 세상이란 무엇인가를 이해할 때 반드시 필요한 이론이다. 양자론이 없으면 왜 세계가 이런 모습인지 전혀 알 수가 없다. 그런데도 양자론을 제대로 이해하는 사람은 거의 없는데, 그 이유는 단순히 양자론이 이해하기 너무 어려워서가 아니다. 여기에는 다른 사정도 있다.

나도 대학교에서 양자론을 공부했을 때 상당히 당황스러웠다. 무슨 일이 일어나고 있는지 구체적인 이미지를 떠올릴 수가 없기 때문이었다. 원자의 구조나 전자빔의 움직임을 보면 아무리 생각해도 파동이 발생하고 있는 것으로밖에 안 보이는데, 교과서에서는 '파동이 실제로 존재한다'는 견해를 부정했다. 역사적으로는 파동의 실재성을 주장했던 에르빈 슈뢰딩거가 자기 이론에 대한 자신감이 너무 지나친 나머지 확대해석을 해버리는 바람에 치명적인 결함이 발생했고, 수학적인 이론 체계를 구축한 하이젠베르크가 그 결함을 비판했다고 한다. 하지만 파동이라는 알기 쉽고 명확한 이미지가 왜 부정되는 것일까?

그 사정을 알게 된 것은 양자장론(量子場論, quantum field theory) 혹은 장(場)의 양자론이라고 부르는 이론을 공부한 뒤였다. 물리현상의 근간에 파동이 있다는 슈뢰딩거의 아이디어는 파동장 이론으로서 에른스트 파스쿠알 요르단과 볼프강 파울리에게 계승되었지만, 처음에는 구체적인 계산이 전혀 안 되었기 때문에 실패한 이론으로 여겨졌다. 상황이 바뀌어서 파동장의 양자론이 온갖 물리현상의 기반임이 판명된 것은 1970년대에 들어선 뒤였다.

나뿐만 아니라 나보다 조금 어린 세대까지는 학창 시절에 양자장론을 받아들이기 이전의 교과서로 공부했다. 교과서에 따르면 파동의 이미지는 문제를 해결하기 위한 힌트는 되지만 현실에는 존재하지 않는 '보조선'에 불과했다. 그러나 하이젠베르크가 부정한 것은 어디까지나 슈뢰딩거가 확대해석한 부분이며, 요르단 등이 제창한 파동장의 개념은 결코 유효성을 잃지 않았을 터다.

이 책에서는 하이젠베르크가 수학적으로 구축한 양자론이 아니라 종종 이단으로 치부되는 아인슈타인, 슈뢰딩거, 요르단의 묘사를 이용해 파동의 이미지를 기반으로 양자적인 현상을 해석하려 한다. 그러면 물리현상의 근간에 무엇이 있는지가 명확히 보일 것이다.

CONTENTS

제1부

양자론의 수수께끼

제1장 양자는 우리 곁에 있다

이 세계는 아름답다. 그런데 왜 아름다울까?

이런 세계를 상상해 보기 바란다. 주위를 아무리 둘러봐도 형태가 있는 것은 무엇 하나 존재하지 않는 세계. 가스나 진흙처럼 명확한 형태가 없이 계속해서 변화하기만 하는 세계. 그런 세계는 아름다울까? 아름답지 않을 것이다. 그런 질척하고 흐늘흐늘한 세계는 상상이 잘 안 될지 모르지만, 사실 이 세계는 본래 그런 모습이 되었어도 이상하지 않다.

물질에는 당연히 형태가 있기 마련이고, 형태가 없는 것은 예외적인 존재처럼 생각될지도 모른다. 그러나 이는 지구의 표면에 달라붙어서 살고 있는 인간의 편견일 뿐이다. 우주 전체를 둘러보면 물질의 대부분은 플라스마(고온 때문에 원자가 이온화되어 전하를 띤 입자로 이루어진 기체가 된 것)나 암흑 물질

(전하를 갖지 않은 까닭에 원자를 형성하지 않는 가스 형태의 물질) 처럼 형태가 없는 것들이다.

중력의 작용 때문에 공 모양으로 뭉쳐진 항성이라든가 별 또는 가스가 소용돌이나 타원체의 형태로 모여있는 은하는 형태를 갖췄다고 말해도 무방할 것이다. 그러나 우주에 존재하는 천체가 공이나 소용돌이보다 높은 수준의 기하학 도형을 형성했다든가 다양한 기능을 실현하는 합목적적인 시스템이었던 경우는 없다. 규칙적이라고 말할 수 있는 것은 고작해야 공 모양의 층으로 나뉘어 있는 별의 내부 구조 정도다.

그렇다면 우리 주위에 있는 물질이 종종 오랜 기간에 걸쳐 복잡한 형태를 유지하고, 생명체 같은 섬세하고 교묘한 조직을 형성할 수 있는 이유는 무엇일까? 이 질문에 대답하는 것이 '양자론'이라는 물리학의 분야다. 양자론을 통해서야 비로소 설명이 가능해지는 물리적인 효과('양자 효과'라고 부른다)는 물질과 관련된 온갖 물리현상에서 발견된다. 물질에 형태나 크기가 있는 것도 양자 효과다. 양자 효과 덕분에 우리가 살고 있는 세상은 생명이 존재하고 복잡 정묘한 일들이 넘쳐나는 아름다운 곳일 수 있는 것이다.

그렇다면 양자 효과와 그 양자 효과를 기술하는 양자론이란 대체 무엇일까? 먼저 양자 효과가 표면화되지 않는 현상과 양자 효과를 비교하는 것으로 시작하려 한다.

모래알에서는 생명이 탄생하지 않는다

고전물리학의 규범으로 여겨졌던 뉴턴역학은 물체가 운동 방정식에 따라서 진공 속을 움직인다는 형식으로 되어있었다. 이는 시계 같은 기계장치나 행성의 공전 등 일정한 움직임을 설명하는 데는 편리한 이론이지만, 복잡한 구조를 만들어 내는 현상에 대해서는 거의 힘을 쓰지 못한다.

뉴턴역학의 지배를 받는, 다시 말해 양자 효과를 무시할 수 있는 세계에서도 일종의 '형태'가 나타나는 경우가 있다. 그 전형적인 예 중 하나가 물결무늬(風紋)다. 물결무늬란 작은 모래알이 지면을 뒤덮고 있는 모래사막이나 모래언덕의 표면에서 볼 수 있는 띠 모양을 의미한다(사실 애초에 모래알이 존재하는 것 자체가 결정의 안정성을 통해 형태를 유지하는 양자 효과의 결과물이지만 이에 대해서는 깊게 따지고 들어가지 않겠다).

물결무늬가 형성되는 대략적인 메커니즘은 초급 수준의 물리학으로 설명이 가능하다(도판 1-1). 모래알이 수평 방향으로 깔려있는 영역에 같은 방향으로 바람이 부는 상황을 생각해 보자. 풍속이 임계값을 넘어서면 모래알이 모래땅의 표면을 따라서 움직이기 시작하며, 여기에 바람이 더욱 강해지면 공중을 날기 시작한다. 다만 일반적인 모래알은 알갱이가 미세한 황사처럼 계속 공중에 떠있는 것이 아니라 10센티미터 정도를 비행한 뒤 중력의 작용을 받아서 낙하한다.

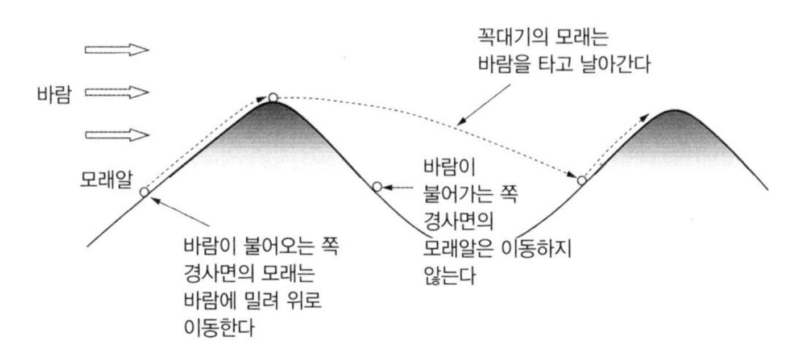

도판 1-1 • 물결무늬가 만들어지는 과정

모래땅의 표면이 어떤 이유로 몇 센티미터 정도의 범위에 걸쳐 솟아올라 둔덕이 생겼다고 가정하자. 바람이 불어오는 쪽의 경사면에서 모래알이 이동하며, 이윽고 가장 높은 지점에 다다르면 공중을 날기 시작한다. 그리고 10센티미터 정도 떨어진 지점에 낙하해 쌓여서 새로운 둔덕을 만든다. 반면에 바람이 불어가는 쪽의 경사면에 있는 모래알은 거의 이동하지 않는다. 또한 모래알이 날아가는 방향은 바람의 방향에 따라 달라지므로, 모래알이 낙하해서 쌓이는 지점은 가로 방향으로 펼쳐진다.

모래땅 어딘가에 우연히 생긴 둔덕이 있으면, 바람이 불어가는 쪽에 가로로 펼쳐진 둔덕이 생긴다. 그리고 이런 과정이 연쇄적으로 계속된 결과 모래땅의 표면에 마치 밭고랑과도 같은 모양이 여러 줄 형성된다. 바로 이것이 물결무늬다. 바람이 계속 불면 둔덕의 꼭대기가 무너지거나 표면을 이동하는 모래알이 바람이 불어가는 쪽으로 밀려나기 때문에 물결무늬는 높이를 거의 일정하게 유지하는 가운데 고랑의 형태를 시시각각 변화시킨다.

물결무늬가 그려내는 모양은 추상적인 예술 작품처럼 보이기에, 보고 또 봐도 질리지 않는다. 그러나 아무리 아름다운 모양이 만들어진다고 한들 물결무늬가 언젠가 진화를 이루어 '물결무늬 생명' 같은 것을 탄생시키는 일은 절대 일어나지 않는다. 왜 물결무늬는 생명으로 진화하지 못할까? 그 이유는 안정된 구조를 형성할 수 없다는 데 있다. 물결무늬는 사람이 보기에 아름다운 모양을 만들어 낸다. 그러나 이는 바람에 불려 날아가다가 땅에 떨어진다는 불안정한 과정이 찰나적으로 만들어 내는 형태일 뿐이며, 계속해서 변화하기 때문에 안정성이 결여되어 있다.

참고로 물리학에서 말하는 '구조의 안정성'이란 대리석 조각처럼 견고하고 변화하지 않는 것을 의미하는 말이 아니라, 약간의 변화를 가하더라도 자연히 원래의 상태로 되돌아가는 것을 의미한다. 오뚝이와 같은 메커니즘이지만 인간이 설계한 공작물이 아니며, '자연히' 되돌아간다는 점이 중요하다. 이러한 구조 안정성은 대부분 양자 효과의 결과물이다.

분자가 만드는 안정적인 구조

그 예로 지질 분자가 물속에서 안정된 막 구조를 형성하는 메커니즘을 살펴보자. 물 분자는 산소 원자 1개에 수소 원자 2개가 'ㅅ' 자의 형태로 결합되어 있다. 이 원자 3개가 이루는 각도는 모든 물 분자가 공통적으로 104.5도다(도판 1-2). 수소 원자가 양의 전하를, 산소 원자가 음의 전하를 띠고 있기 때문에 부분적으로 전하를 띤 다른 분자가 어떻게 접근하느냐에 따라 전기적으로 끌어당기기도 하고 밀어내기도 한다.

한편 생물의 몸속에 많이 존재하는 지질 분자는 꼬리가 두 갈래로 갈라진 올챙이처럼 생겼다. 머리에 해당하는 부분은 물에 녹아들려고 하는 성질이 있기 때문에 친수기(親水基, '基'는 분자 내부에서 뭉쳐진 형태로 기능하거나 장소를 옮기는 원자 집단을 가리킨다)라고 부른다. 반대로 꼬리 부분은 물에 반발해서 멀어지려고 하는 소수기다. 하나의 분자에 친수기와 소

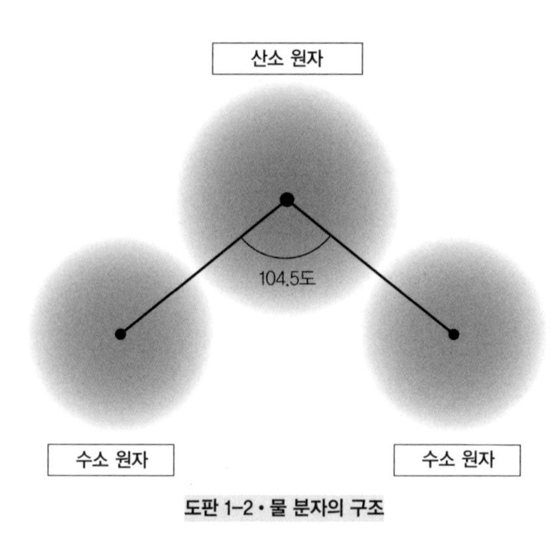

도판 1-2 • 물 분자의 구조

수기가 있기 때문에, 물속에 다수의 지질 분자가 들어가면 집단으로 물 분자와 상호작용해서 구조를 형성한다. 지질 분자가 수면 근처에 있을 경우, 소수기는 물에서 나가려 하고 친수기는 물에 머물려 하기 때문에 소수기가 바깥을 향하는 상태로 수면을 덮는 얇은 막이 된다. 한편 물속에서는 물에 반발한 소수기끼리 자연스럽게 모이므로 지질 분자는 안쪽에 소수기, 바깥쪽에 친수기가 나열된 이중층을 만들며 안정화된다(도판 1-3).

그런데 이중층에 가장자리가 있으면 그곳에서 물 분자와 서로 끌어당기거나 반발하는 등의 상호작용이 일어난다. 그래

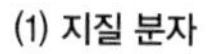

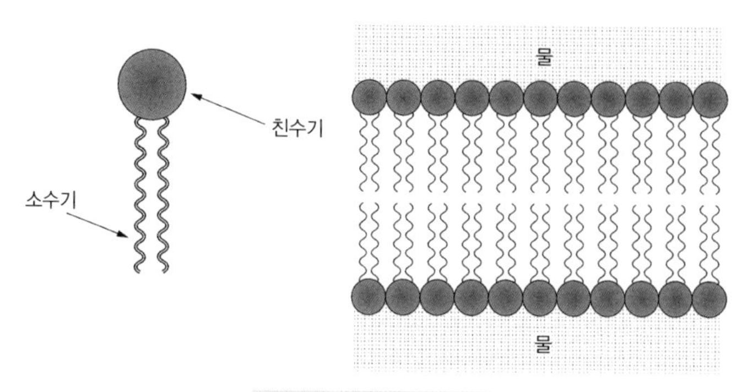

도판 1-3 • 지질 분자의 구조

서 이중층은 가장자리가 없는 닫힌곡면이 되려고 하며, 그 결과 닫힌곡면의 막에 갇힌 영역이 생겨난다. 생명의 기본 단위인 세포는 이렇게 해서 만들어진다. 세포의 경계가 되는 막은 물질의 이동을 제한하기 때문에 안쪽과 바깥쪽의 액체 농도가 다른 상황도 일어날 수 있다. 그리고 화학반응의 빈도는 농도에 의해 좌우되므로, 막 안쪽에서는 영양물의 대사와 같이 외부에서는 일어나기 어려운 반응이 진행될 수도 있다.

지질 분자가 형성한 이중층 막은 힘을 주면 변형시킬 수 있지만, 물을 안쪽과 바깥쪽으로 나누는 막의 기본적인 구조는 좀처럼 파괴할 수 없다. 부분적으로 작은 구멍이 뚫리더라도 물 분자와 서로 끌어당기거나 반발하는 지질 분자의 특성에 따라 자연히 구멍을 막고자 분자가 이동하기 때문이다. 이것이 세포막이 구조적 안정성을 갖는 이유이며, 이 안정성이 있기에 생물은 존속이 가능하다. 세포막이 금방 파괴되어서 안쪽과 바깥쪽의 차이가 없어진다면 생물은 생존할 수가 없다.

생명을 구동하는 정밀기계

생명체의 기능은 일반적으로 지질 이중층을 통해 외부와 분리된 안정적인 환경 속에서 복잡한 분자가 일련의 화학반응을 실행함으로써 실현된다. 예를 들어 빛 에너지를 유기물의 화학에너지로 변환하는 광합성은 세포 소기관인 엽록체 내부의 엽록소(클로로필)가 빛을 흡수해 구조 변화를 일으키는 것에서 시작된다.

엽록소에는 몇 종류가 있는데, 가장 많은 유형은 오각형 고리 4개가 마그네슘을 둘러싼 부분과 여기에 달라붙은 긴 사슬 모양의 부분으로 구성된 것이다(도판 1-4). 마그네슘 원자 외에 탄소 원자와 질소 원자, 산소 원자 등을 포함해 100개가 넘는 원자로 구성된 거대한 분자라 할 수 있다. 이 분자가 특정 파장의 빛을 흡수하면 마그네슘을 방출하거나 전자의 상태를 바꾸면서 또 다른 화학반응을 일으킨다. 그런 일련의 반응 끝에 빛이 가지고 있었던 에너지를 안정적인 화학에너지로 변환하는 과정이 바로 광합성인 것이다.

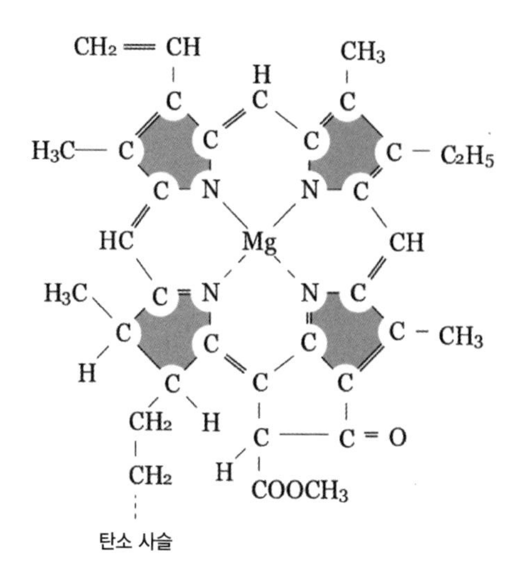

도판 1-4 • 엽록소(클로로필)

광합성만이 아니다. 온갖 생명 활동의 근간에는 거대한 분자가 그 구조나 결합 방식을 바꾸면서 복잡하게 변화하는 과정이 존재한다. 신경의 흥분이나 근육의 수축, 생합성처럼 에너지의 공급이 필요한 활동에서 많은 생물이 ATP(아데노신삼인산)를 이용한다. ATP는 아데노신에 인산 3개가 결합한 구조로, 내부에 화학에너지가 축적되어 있다. 그리고 효소의 작용으로 ADP(아데노신이인산)와 인산으로 분해될 때 외부에 에너지를 방출한다. ATP의 분해 생성물인 ADP는 그대로 버려지는 것이 아니라 음식물을 통해서 에너지를 공급받아 인산과

결합하여 다시 ATP로 돌아간다. 이처럼 ATP는 일단 ADP로 분해되더라도 다시 원래대로 돌아오는 안정적인 구조를 지니고 있다. 그런 까닭에 재이용 가능한 에너지 축적 장치로서 생명 활동을 뒷받침한다.

다수의 원자가 결합한 거대한 분자는 다양한 작업을 하는 정밀기계이며, 그 기능은 인간의 기술이 도저히 따라잡을 수 없는 수준이다. 자동차의 엔진은 내부에서 기화한 휘발유를 폭발시키고 그 기세로 피스톤을 밀어냄으로써 이동에 필요한 에너지를 만들어 낸다. 탄소화합물의 분자에 축적된 화학에너지를 이용한다는 점은 생물과 공통되지만, 폭발을 통해 운동에너지로 변환하는 난폭한 과정을 거치기 때문에, 휘발유에 들어있는 에너지 중에서 이동에 이용할 수 있는 것은 고작해야 20~30퍼센트 정도다.

반면에 박테리아가 이동할 때 사용하는 편모는 에너지 효율이 훨씬 높다. 세포막 안팎의 이온 농도차를 이용해서 나선형의 필라멘트를 프로펠러처럼 회전시키는 분자 모터를 구동하는데, 이온의 흐름이 지닌 에너지를 100퍼센트에 가깝게 활용한다.

생기론에서 양자론으로

정밀한 분자 기계를 활용하여 비로소 가능해지는 생명 활동은 전근대를 살던 사람들이 도저히 이해할 수 없는 것이었다. 톱니바퀴나 태엽 같은 거시적인 물체를 조합해서 구동시키는 기계류는 설령 최고 수준의 기술을 구사해서 만들더라도 도저히 생물이 실현하는 기능에 미치지 못한다. 그래서 19세기까지만 해도 사람들은 생물이 일반적인 물질과는 다른 법칙을 따른다는 생기론(生氣論)을 뿌리 깊게 신봉했다.

물론 지금은 이런 생기론을 믿는 과학자가 없을 것이다. 물리학을 통해 생명 활동을 완전히 해명한 것은 아니지만 광합성이나 신경 전달의 물리적 과정은 상당한 수준까지 밝혀냈으며, 그 결과 생명이 물질과 같은 물리법칙을 따른다는 것이 거의 확실해졌다. 다만 생명이 따르는 물리법칙은 '생물은 가해진 힘에 비례하는 가속도로 운동한다' 같은 뉴턴역학과는 본질적으로 다르다. 뉴턴역학으로는 물결무늬를 만들 수는 있어도 정밀기계처럼 작동하는 분자를 만들어 낼 수 없다.

만약 분자가 뉴턴역학을 따른다면 물 분자를 구성하는 원자들이 항상 일정한 각도를 유지할 수 있을 리가 없다. 원자가 끊임없이 서로 끌어당기고 밀어내면서 움직이고 있는데 각도가 특정 값이 된 순간에 모든 힘이 적절히 균형을 이루는 메커니즘은 상상하기조차 어렵다.

수많은 원자로 구성된 분자가 안정된 구조를 유지하고 복잡한 반응을 실현하는 것은 원자 층위의 물리현상을 지배하는 것이 바로 양자론이기 때문이다. 생물이 보여주는 복잡 정묘한 현상을 설명하는 일에 생기론은 필요 없으며, 이런 현상은 양자론으로 해명할 수 있다(있을 터이다).

양자론은 그것이 생물이든 생물이 아니든 원자 수준의 온갖 현상을 지배한다. 물질에 크기나 형태가 있는 것도, 물 분자를 구성하는 원자들이 일정한 각도를 유지하는 것도, 엽록소가 복잡한 구조를 유지하는 것도 모두 양자 효과의 결과물이다. 구체적인 메커니즘은 뒤에서 설명하기로 하고 결론만 말하면, 물질을 구성하는 요소 사이의 전기적 상호작용을 양자론에 입각해서 기술하면 복잡한 구조가 (외부의 누군가가 의도적으로 형태를 바로잡는 것이 아니라) 자율적으로 형성된다는 사실을 알 수 있다.

원자핵과 전자의 유연한 시스템

물질의 구성 요소라고 하면 원자를 떠올리는 사람도 많을 것이다. 그러나 물리학적으로는 원자핵과 전자로 나눠서 생각하는 편이 이미지를 떠올리기 쉽다. 원자는 질량의 99.9퍼센트 이상을 차지하는 무거운 원자핵과 그 주위에 존재하는 가벼운 전자로 구성되어 있다. 전자의 질량은 가장 가벼운 원자핵인 수소 원자핵(양성자라고 불리는 입자)의 1,800분의 1밖에 되지 않는다.

원자의 크기는 전자가 존재하는 범위가 어디까지인지를 나타내는데, 수십억에서 100억 분의 1미터 정도다. 한편 원자핵의 지름은 수백조 분의 1미터 정도로, 원자의 크기에 비하면 점으로밖에 안 보일 만큼 작다. 작지만 무거운 원자핵이 군데군데 흩어져 있고, 그 주위에 가벼우면서 빠르게 움직이는 전자의 집단이 존재하는 것이다.

원자핵은 플러스, 전자는 마이너스의 부호를 갖는 전하를 띠고 있다. 원자핵과 전자는 전기적인 인력으로 서로 끌어당기기 때문에 평범하게 생각하면 그대로 달라붙어야 한다. 그런데 전자는 가벼워서 재빨리 움직일 텐데도 어째서인지 원자핵과 합체하지 않고 거리를 유지한다. 게다가 원자핵과 전자로 구성된 시스템은 때로는 유연하게 변동하고 때로는 완고하리만치 견고해진다. 물 분자의 경우 원자들이 항상 104.5도의 각도를 유지하는 것에서 보듯 거의 변형되지 않는 견고한 구조를 갖는다. 한편 물 분자와 물 분자, 혹은 물 분자와 지방 분자는 달라붙기도 하고 떨어지기도 하는 등 서로의 위치를 빈

번하게 바꾼다.

원자핵과 전자가 구성하는 시스템은 분자 이외에도 몇 가지가 있다. 원자핵이 규칙적으로 배열되는 결정(結晶)에서는 일정한 기하학적인 구조가 유지된다. 가령 염화나트륨의 결정은 염소와 나트륨이 일정 간격으로 교차되어 배열된 입방격자(정육면체를 단위로 하는 격자)를 형성한다(도판 1-5). 바닷물을 전기분해해서 중금속과 불순물 등을 제거하고 재결정화한 정제염은 염화나트륨 결정체라 할 수 있다.

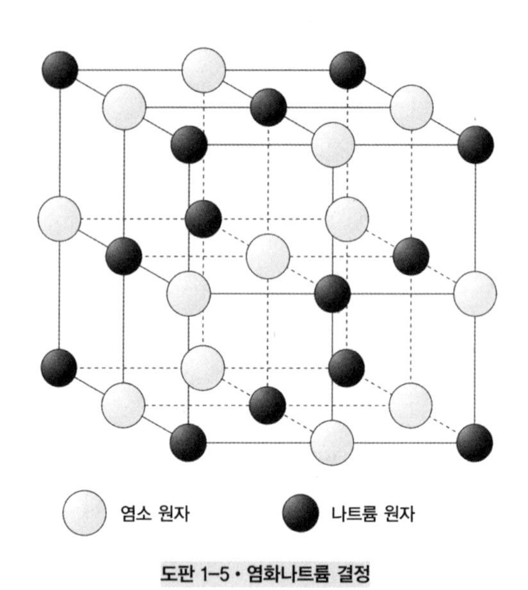

도판 1-5 • 염화나트륨 결정

그러나 결정의 모든 부분이 견고한 것은 아니다. 금속 결정의 경우, 외부에서 전압을 가하기만 해도 자유전자라고 불리는 일부 전자가 배열된 원자핵 사이를 마치 흐르듯이 이동한다(사실 자유전자는 열에 의한 고속 운동을 무작위적으로 하고 있으며, 전압이 가해지면 평균적인 위치가 아주 약간씩 어긋나는 방식으로 일정하게 움직인다). 자유롭게 돌아다니는 전자가 있는 덕분에 금속 결정은 다이아몬드 결정 등에 비해 유연하며 쉽게 휘어지거나 늘어난다.

원자핵과 전자 시스템이 보여주는 때로는 유연하고 때로는 견고한 움직임은 뉴턴역학으로는 설명이 불가능하다. 전자가 뉴턴의 운동방정식에 따라 움직인다면 반드시 원자핵에 달라붙어서 떨어지지 않게 된다. 원자의 경우 뉴턴역학과는 본질적으로 다른 물리법칙이 지배하고 있다고 생각할 수밖에 없는 것이다.

20세기의 물리학자들은 수십 년에 걸친 긴 시행착오 끝에 결국 원자에 적용되는 물리법칙을 발견해 냈다.

가장 단순한 사례부터 시작한다

물리학자들은 어떤 성질의 기원을 밝혀내려 할 때 그 성질을 지닌 가장 단순한 시스템을 고찰 대상으로 삼는다. 원자 층위의 현상을 지배하는 물리법칙이 어떤 것인지를 생각할 때 처음부터 지질이나 단백질같이 원자 수가 수십, 수백 개나 되는 생체 분자를 다뤄서는 문제를 풀 열쇠조차 찾아낼 수 없을 것이다. 물리학자들이 가장 단순한 시스템으로서 주목한 것은 수소 원자였다.

원자가 작고 무거운 원자핵 1개와 넓은 범위에 분포하는 가벼운 전자 몇 개로 구성되어 있다는 사실은 1911년 금의 결정을 이용한 실험을 통해 발견되었다. 원자핵과 전자라는 구성은 무거운 태양 하나와 가벼운 행성 몇 개로 구성된 태양계와 매우 유사하다. 그래서 원자도 태양계와 마찬가지로 플러스 전하를 가진 원자핵과 마이너스 전하를 가진 전자 사이의 쿨롱 힘(전하 사이에 작용하는 정전기력으로, 중력과 똑같이 거리의 제곱에 반비례한다)에 의해서 전자가 원자핵의 주위를 회전하는 것이 아닐까 생각하는 사람들도 있었다.

그러나 원자의 성질을 조사하는 과정에서 원자는 태양계가 따르는 뉴턴역학과는 완전히 이질적인 물리법칙을 따른다는 사실을 알게 되었다. 그중에서도 기묘했던 것은 원자가 지닌 에너지가 태양계와 달리 정수(整數)로 지정되는 이산적인(=띄엄띄엄한) 값이 된다는 점이었다. '에너지가 정수로 지정된다'는 성질이 훗날 판명되었듯이 가장 단순한 양자 효과인 것이다. 그러면 먼저 에너지가 지니는 이런 이산성(discreteness)이 중력을 통해서 형성되는 태양계의 경우와 얼마나 다른지 살펴보자.

중력의 지배를 받는 행성계

항성을 중심으로 하는 행성계는 중력의 작용으로 성간물질이 응집되면서 탄생했다. 가스나 먼지 등의 성간물질이 모일 때 모든 것이 한 점을 향해서 일직선으로 움직이지는 않는다. 모이는 방향이 서로 조금씩 어긋나기 때문에 한 번에 응집함으로써 별이 생기는 것이 아니라 전체적으로 소용돌이를 그리듯이 회전하면서 모여든다. 이때 회전축에 수직인 방향으로는 원심력이 작용하므로 물질이 좀처럼 모이지 않는다. 한편 회전축에 평행한 방향으로는 원심력이 작용하지 않기 때문에 중력을 통해 물질들이 서로를 끌어당긴다. 그 결과 모여든 물질 전체는 편평한 원반 형태가 된다. 이것을 원시행성계 원반이라고 부른다(도판 1-6).

원반 내부의 물질 가운데 전체적인 소용돌이 운동에서 크게 벗어난 운동을 하는 것이 있으면 주위에 있는 물질과의 마찰로 회전 에너지를 잃는다. 인공위성이 대기와의 마찰로 회전 에너지를 잃으면 지상으로 낙하하는데, 이와 마찬가지로

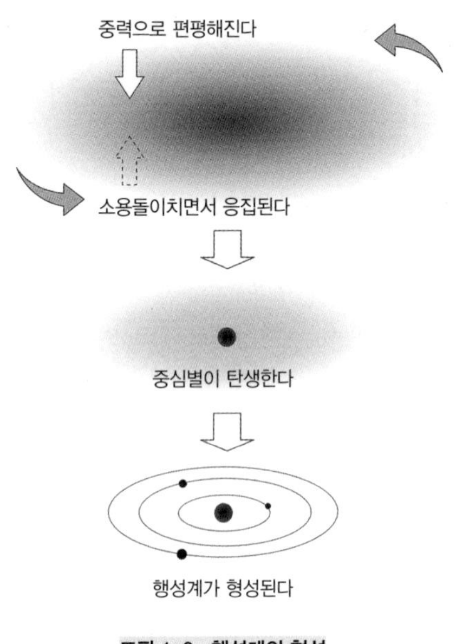

도판 1-6 • 행성계의 형성

소용돌이 운동에서 벗어난 물질은 중심부로 떨어진다. 이렇게 해서 중심부의 질량은 점차 커지고, 자신의 무게 때문에 수축하여 거대한 천체가 된다. 질량이 충분히 커지면 내부의 압력이 높아지고, 그 결과 핵융합을 시작해 빛을 방출하는 항성이 된다.

다만 회전 에너지를 잃은 물질이 모인 까닭에 원반의 중심에 있는 가스로 만들어진 항성은 자전의 기세가 그다지 강하지 않다. 이런 항성의 경우, 중심에서 봤을 때 중력이 어떤 방향에서나 거의 똑같이 작용해 가스를 낮은 곳으로 모으기 때문에 최종적으로는 굴곡이 없는 구형을 형성한다. 한편 주위에 남은 물질은 회전 에너지가 비교적 큰 까닭에 그대로 항성 주위를 계속 회전한다. 원에서 벗어나면 서로 부딪히기 쉬우므로 많은 물질이 자연히 원운동을 하게 되고, 그런 물질 중에서 공전궤도 반지름이 가까운 것은 중력으로 서로를 끌어당겨 하나로 합쳐져서 행성이 된다.

중심과 가까운 행성은 항성에서 방출되는 거대한 에너지에 의해 휘발성 물질이 날아가서 암석 행성이 된다. 태양계의 경우 수성부터 화성까지의 행성이 그렇다. 물이 얼어붙을 만큼 항성으로부터 멀리 떨어진 행성은 얼음의 핵이 만들어 내는 중력으로 주위의 가스를 모아서 거대한 가스 행성이 된다. 태양계에서는 목성과 토성이 여기에 해당한다. 천왕성과 해왕성은 가스를 충분히 모으지 못해 적당한 크기에 머물렀다.

이런 과정을 통해 항성의 주위를 행성 몇 개가 원에 가까운 궤도를 그리면서 도는 시스템이 자율적으로 형성되었다. 이 시스템은 원자핵 주위에 가벼운 전자가 여러 개 모인 원자와 비슷해 보이기도 한다. 그렇다면 원자가 지닌 성질도 행성계와 마찬가지로 상호작용을 통해 자율적으로 획득된 것으로 간주할 수 있을까?

행성계와 원자의 결정적인 차이

행성계와 원자 사이에는 결정적인 차이가 있다. 행성의 공전궤도나 에너지에는 원자에서 볼 수 있는 단순한 규칙성이 존재하지 않는다. 원자의 경우, 에너지 등의 물리량을 정수와 물리상수를 조합한 단순한 수식으로 나타낼 수 있다. 그러나 행성계의 경우, 각각 행성의 질량이나 공전궤도 반지름에 그런 규칙성이 없다.

지구를 포함한 태양계 행성의 경우, 지구의 질량이나 공전궤도 반지름을 기준으로 삼았을 때 각 행성의 질량과 공전궤도 반지름과 에너지는 아래 표와 같다(도판 1-7). 공전궤도 반지름을 보면 목성에서 천왕성까지는 이전 행성의 거의 두 배가 되는 등 근사적으로는 규칙성 같은 것이 느껴진다. 그러나

	공전궤도 반지름	질량	에너지
수성	0.39	0.055	-0.14
금성	0.72	0.815	-1.13
지구	1	1	-1
화성	1.52	0.107	-0.07
목성	5.2	317.8	-61.1
토성	9.58	95.2	-9.94
천왕성	19.2	14.5	-0.76
해왕성	30.05	17.1	-0.57

도판 1-7 • 행성의 공전궤도 반지름 · 질량 · 에너지

엄밀한 법칙이라고 말할 수 있을 정도는 아니고 단순한 경향성이라고 부르는 편이 좋을 듯하다.

행성이 지니는 역학적 에너지는 중력에 따른 위치에너지와 운동에너지의 합으로서 주어지며, 원운동의 경우 질량을 공전궤도 반지름으로 나눈 값에 비례한다. 행성처럼 언제까지나 태양 주위에 속박되어 있을 때의 역학적 에너지는 반드시 마이너스가 된다(뒤에서 수소 원자 내부에 있는 전자의 에너지에 관해 다룰 텐데, 이 또한 원자에 속박되어 있기 때문에 값은 마이너스다). 한편 2017년에 발견된 오무아무아(Oumuamua)처럼 태양의 중력을 뿌리치고 계속 멀어지는 성간 천체의 경우, 중력을 무시할 수 있는 먼 곳에서 양의 운동에너지를 가질 필요가 있기 때문에 역학적 에너지는 플러스가 된다.

지구를 기준으로 삼았을 때 각 행성이 지닌 역학적 에너지는 옆의 표를 봐도 알 수 있듯이 전부 제각각이며 아무런 규칙성도 없다.

행성의 공전궤도 반지름이나 질량에 보편적인 규칙성이 존재하지 않는다는 점은 최근에 관측이 진행되고 있는 태양계 바깥 행성(외계 행성)의 데이터에서도 나타난다. 공전궤도 반지름은 지구의 100분의 1부터 10배까지 넓은 범위에 걸쳐 분포하며, 명확한 규칙성은 발견되지 않는다. 최초로 발견된 외계 행성인 페가수스자리 51 b는 질량이 지구의 150배가 넘는 목성형 거대 가스 행성이지만 공전궤도 반지름은 지구의 20분의 1 정도이며, 표면 온도가 섭씨 1,000도 이상에 달하는 '뜨거운 목성'이다. 아마도 먼 곳에서 거대 가스 행성으로 성장한 뒤 다른 천체와의 충돌 등으로 인해 운동에너지를 잃고 항성에 접근한 것으로 추측된다.

수소 원자가 보여주는 규칙성

한편 원자는 궤도 반지름이나 에너지에 엄밀한 규칙성이 없는 행성계와 전혀 다른 모습을 보인다.

원자핵이 복수 개의 양성자와 중성자가 결합된 내부 구조를 가졌다는 사실은 1930년대에 판명되었다. 가령 산소의 안정 원자핵은 8개의 양성자와 8~10개의 중성자가 결합되어 있으며, 대기 속에 존재하는 산소의 99.8퍼센트는 중성자가 8개다. 그에 비해 수소(엄밀히 말하면 중수소나 삼중수소가 아닌 경수소)의 원자핵은 양성자 자체다. 그리고 이 양성자에 전자 1개가 전기적인 인력으로 속박된 것이 수소 원자다.

중성자는 그 이름처럼 전기적으로 중성이다. 한편 양성자는 전자의 전하와 절댓값이 같고 부호가 반대인 양전하를 갖는다. 양성자와 전자의 전하는 더하면 플러스마이너스 제로가 되므로 수소 원자 전체는 전기적으로 중성이다. 중성인 수소 원자는 화학변화를 일으키기 쉬우므로 지상에는 거의 존재하지 않지만, 물질 밀도가 낮은 우주 공간에는 약간이나마 존재한다.

양성자의 질량은 전자의 1,800배로, 질량비만 보면 태양의 질량이 목성의 1,000배에 가까운 태양계와 비슷하다. 그러나 규칙성이라는 점에서 수소 원자는 태양계와 완전히 다르다. 행성의 공전궤도 반지름이 어떻게 될지는 물리법칙만으로 결정되지 않으며, 가스나 먼지 등의 물질이 소용돌이치면서 응집하는 과정에 좌우된다. 우주에는 다수의 행성계가 존재하고 이미 수천 개의 외계 행성이 발견되었는데, 그 공전궤도 반지름은 전부 제각각이다.

한편 원자의 경우는 물리법칙에 따라서 전자의 분포 범위가 결정된다. 전자가 원자핵 주위를 원운동하는 것은 아니지만 전자-원자핵 사이의 평균적인 거리는 구체적인 값을 구할 수 있다. 원자가 가진 에너지에 따라 달라지기는 하지만 최저 에너지 상태에 있는 수소 원자의 경우 평균 거리는 0.08나노미터(1나노미터=10억 분의 1미터)가 된다. 이 평균 거리는 행성계와 달리 모든 수소 원자에 공통된다.

지구는 지름이 10만 광년인 우리은하의 내부에 있는데, 여기에서 250만 광년 떨어진 안드로메다은하에도 수소 원자가 존재한다. 250만 년이 걸려서 지구까지 온 빛을 프리즘으로 분해해서 얻은 빛의 띠(스펙트럼)의 어디에 선이 들어가는지를 조사하면 안드로메다의 수소 원자가 어떤 상태에 있는지 알 수 있다. 그 데이터를 분석한 결과, 수소 원자는 안드로메다에서도 같은 물리법칙을 따른다는 사실이 판명되었다. 전자의 질량이나 양성자와 전자 사이의 평균 거리도 지구의 수소 원자와 다르지 않았다.

행성계의 구조는 물질이 어떻게 응집되느냐가 우연한 요소에 좌우된다. 그러나 원자핵과 전자로 구성되는 원자는 그렇지 않다. 보편적인(즉 우리은하에서든 안드로메다은하에서든 성립하는) 법칙에 따라서 구조가 결정된다. 행성계가 형성될 때는 뉴턴의 중력이론이나 운동방정식의 지배를 받지만, 원자가 형성될 때는 뉴턴역학과는 본질적으로 다른 물리법칙을 따른다. 이 점을 명확히 보여주는 것이 수소 원자의 에너지가 갖는 규칙성이다.

수소 원자의 에너지는 원자가 흡수하거나 방출하는 빛의 파장을 바탕으로 실험을 통해 관측할 수 있다. 실험 내용에 관해서는 생략하고 어떤 에너지 값을 얻었는지 보여주겠다.

수소 원자가 가진 가장 낮은 에너지를 $-E$로 표기하자(행성의 경우와 마찬가지로 전자가 원자에 속박될 때는 에너지가 마이너스가 된다). 더 높은 에너지 상태가 될 때도 있는데, 그때의 에너지는 -E/4, -E/9, -E/16……과 같은 식으로 최저 에너지를 정수의 제곱으로 나눈 값이 된다(에너지가 마이너스이므로 계수가 작을수록 높은 에너지 상태다). 34쪽 표에 나와있듯이 행성계의 에너지가 제각각인 것과는 대조적이다.

원자론—이 기묘한 것

수소 원자의 에너지가 정수로 지정되는 특정한 값이 된다는 사실은 19세기 말부터 20세기 초에 걸쳐서 실험을 통해 밝혀졌다. 이 성질은 커다란 수수께끼이기는 했지만, 그와 동시에 원자론이 직면했던 위기를 극복하는 열쇠가 될 것으로 생각되었다.

19세기의 과학자들은 화학반응을 일으키는 물질의 질량이 정수비가 된다는 등의 지식에 입각해 물질에는 원자라고 불리는 구성 요소가 있음을 밝혀냈다. 그리고 전지(電池)가 개발되어 전기를 이용한 실험이 가능해진 19세기 후반이 되자 원자의 내부에 더욱 근원적인 무언가가 존재한다는 사실을 알게 되었다. 그 구성 요소는 플러스 혹은 마이너스의 전하를 가져서 전기적인 상호작용을 한다. 그것의 정체를 둘러싸고 한동안 논쟁이 벌어졌으나 다양한 실험 데이터를 통해 1910년대에는 그것이 각각 원자핵과 전자라는 작은 물체라고 생각하게 되었다. 그러나 원자핵과 전자가 테니스공처럼 공간 내부를 날아다니는 입자라고 가정하면 이 둘이 어떻게 안정적인 원자를 구성할 수 있느냐 하는 커다란 수수께끼가 생겨난다.

전자기학 이론에 따르면 전하를 가진 두 미세한 분자는 서로에게 거리의 제곱에 반비례하는 쿨롱 힘을 끼친다. 이 힘은 입자끼리 직선적으로 서로 끌어당기거나 반발하거나 둘 중 하나가 된다. 두 입자가 쿨롱 힘이 작용할 때의 운동방정식에 근거해서 움직인다면 서로 계속 접근하거나 멀어지거나 둘 중 하나가 되어야 한다. 쿨롱 힘과 운동방정식의 조합에는 입자의 간격을 일정하게 유지하는 메커니즘이 없으며, 따라서 원자핵과 전자가 합체하지 않고 안정적인 상태를 실현하는 일은 있을 수 없다. 그렇다면 현실에서는 어떻게 원자가 존재할 수 있을까? 이 수수께끼가 수소 원자 에너지의 성질과 밀접한 관계가 있음은 쉽게 상상할 수 있었다.

에너지에 제한이 없어서 어떤 값이든 가질 수 있다면, 대기와의 마찰로 에너지를 잃은 인공위성이 지상으로 낙하하듯이, 전자기장과의 상호작용으로 에너지를 잃은 전자가 원자핵을 향해 떨어지게 된다. 그리고 최종적으로는 원자핵과 전자가 달라붙어서 전기적으로 중성인 덩어리를 형성하며 물질은 붕괴할 것이다. 그러나 수소 원자의 에너지가 특정한 값으로 제한된다면 상황은 달라진다. 만약 전자가 가진 역학적 에너지가 실험 데이터에서 보이는 것처럼 $-E$를 정수의 제곱으로 나눈 값으로 제한된다면, $-E$보다 높은 값인 $-E/4$, $-E/9$, $-E/16$……은 있을 수 있어도 $-E$보다 낮은 에너지가 되는 상태는 존재하지 않는다. $-E$가 가장 낮은 에너지이며, 여기에서 에너지를 더 잃고 원자핵을 향해 떨어지는 일은 일어날 수 없는 것이다.

다만 이 단계에서는 왜 에너지가 정수로 지정되는 이산적인 값으로 제한되는지 설명할 방법이 없다.

물질의 근원적인 구성 요소가 진공 속을 돌아다니는 입자라는 견해를 (확장된 의미에서의) 원자론이라고 부른다면, 전자나 원자핵을 입자로서 다루는 수법은 바로 원자론 그 자체다. 원자론은 화학반응에서 보이는 양적 관계를 설명할 때 근간을 이루는 개념이다. 그러나 소박한 원자론으로는 에너지의 값이 왜 이산적이 되는지 설명할 수 없다.

따라서 '어쩌면 전자 같은 물질의 구성 요소는 입자와는 다른 게 아닐까?'라는 발상의 비약을 통해 등장한 것이 바로 양자론이다.

파동이 만들어 내는 질서

분자 같은 정밀기계가 물리법칙에 따라서 자율적으로 만들어지는 이유는 무엇일까? 분자 구조를 실현하는 것이 양자 효과라면, 양자 효과란 과연 어떤 메커니즘으로 발생하는 것일까?

이 수수께끼를 해명하는 돌파구를 만든 인물이 에르빈 슈뢰딩거다. 슈뢰딩거가 제창한 파동역학은 물리현상의 근간에 있는 파동이 양자 효과를 일으킴을 보여줬다. 수소 원자의 에너지가 정수로 지정되는 값으로 제한되는 이유는 원자 내부에서 전자의 파동이 공명 패턴이 되는 정상파(standing wave)로 제한되기 때문이라는 것이다.

제2장에서는 슈뢰딩거가 제창한 파동역학의 개념을 간단히 소개하고자 한다. 요점만 말하면, 온갖 물리현상의 근간에 파동이 존재한다는 이론이다. 다만 이 장의 마지막에서 처음의

이론에 치명적인 결함이 있었음을 이야기한 뒤 제3장의 양자장론으로 바통을 넘길 것이다.

원자와 장(場)

고대 그리스의 철학자인 아리스토텔레스는 지상에서 일어나는 온갖 현상은 원소의 조합을 통해서 실현된다고 주장했다. 그 원소는 모두 네 종류이며, 공간의 모든 영역에 펼쳐져 있다. 이 원소들이 응집해서 섞이면 각 원소의 배합 차이에 따라 고체나 액체, 기체 등 다양한 성질을 가진 물질이 형성된다는 것이다.

아리스토텔레스의 논리에서 흥미로운 점은 원소가 모든 곳에 존재하며 어디에도 틈새가 없다는 것이다. 바로 '자연은 진공을 싫어한다'는 세계관이다. 공간의 내부에 물리현상을 담당하는 무언가가 널리 퍼져있다는 발상을 일반적으로 '장(場)의 이론'이라고 부른다.

장의 이론과 대립하는 발상으로는 데모크리토스 등이 주장한 '원자론'이 있었다. 이는 원자가 진공의 내부를 운동하면서 물리현상을 일으킨다는 발상이다. 원자는 정해진 성질을 지닌 독립된 개체이며, 다른 원자와 융합해서 성질이 뒤섞이는 일은 없다.

원자론의 견지를 받아들인 뉴턴의 역학이 큰 성공을 거둔 점, 그리고 원자를 불변의 단위로 가정하면 화학변화 전후의 양적인 관계를 명확히 설명할 수 있다는 점 덕분에 유럽의 과학계에서는 19세기 초엽까지 원자론적인 주장이 힘을 얻었다. 그러나 19세기 중반에 전자기학이 체계화되자, 공간의 모든 장소에 전자기 현상을 담당하는 전자기장이 존재하며 그 진동이 빛의 형태로 전달된다는 점이 확실시되었다.

이렇게 해서, 물질은 넓은 의미의 원자로 간주되는 요소로 구성되어 있으며 요소 사이의 힘은 전자기장이 매개한다는 발상이 생겨났다. 원자와 장의 이원론이다. 그러나 원자와 장이 어떤 관계인지를 둘러싸고 많은 의문이 남았다. 원자에 크기가 없다면 원자 바로 곁에서 장의 값이 발산할 것 같고, 크기가 있다면 원자의 내부에 장이 개입하는지 어떤지를 생각해야 한다.

슈뢰딩거의 파동역학은 원자와 장이라는 이질적인 요소로 구성되는 이원론을 장으로 통일하는 이론이라고 할 수 있다. 전자라는 원자론적인 존재로 여겨져 온 것을 파동방정식을 따르는 파동으로 다룬다. 다만 이 파동을 전달하는 매질이 무엇인지는 설명하지 않는다(또한 어떻게 설명하더라도 슈뢰딩거가 사용한 논법에서는 물리학적으로 오류가 발생한다). 이런 억지라고도 할 수 있는 논법을 통해 원자의 에너지가 지닌 규칙성을 수식으로 설명할 수 있었다.

수소 원자가 보여주는 수수께끼

만약 원자핵이나 전자가 플러스 또는 마이너스의 전하를 가진 작은 입자이고 쿨롱의 법칙에 따라서 거리의 제곱에 반비례하는 힘을 서로에게 끼치며 뉴턴의 운동방정식에 따라서 움직인다면, 원자핵과 복수의 전자가 달라붙어서 전기적으로 중성인 덩어리가 되어버린다. 원자핵이 어느 정도 크기가 있더라도 전자는 그 표면에 깨를 뿌려놓은 듯이 달라붙어서 전하를 중화시킬 것이다. 원자핵과 전자가 달라붙은 중성의 덩어리는 전자적인 인력을 받지 않으므로 사방으로 뿔뿔이 흩어진다.

설령 어떤 메커니즘이 작용해서 원자핵과 전자가 달라붙지 않는다고 해도 쿨롱의 법칙과 뉴턴의 운동방정식을 따르는 한, 염화나트륨 결정처럼 염소와 나트륨 원자가 일정 간격으로 질서 있게 배열되는 일은 '절대로' 있을 수 없다. 이는 장난꾸러기 유치원생 100명을 말로만 지시해서 오각별(pentagram) 형태로 질서정연하게 세우는 것보다 훨씬 어려운 일이다. 물 분자를 구성하는 원자가 일정 각도를 유지하거나 엽록소가 빛을 흡수해서 결정된 구조 변화를 일으키는 것도 불가능하다.

그렇다면 마치 정밀기계처럼 기능하는 원자핵과 전자 시스템에 관한 이론을 만들기 위해서는 쿨롱의 법칙이나 뉴턴역학의 어떤 부분을 변경해야 할까? 쿨롱 힘의 공식일까? 작은 입자라는 부분일까? 아니면 뉴턴의 운동방정식일까? 슈뢰딩거는 '가장 단순한 사례'인 수소 원자에 관해 기존과는 다른 새로운 개념을 제창했다. 슈뢰딩거의 업적을 쉽게 이해할 수 있도록, 그때까지의 이론으로는 설명할 수 없었던 것들을 열거해 보겠다.

1. 수소 원자에는 안정적인 상태가 존재한다.
2. 이 상태의 전자는 원자핵보다 훨씬 넓은 영역에 퍼져있다.
3. 수소 원자의 에너지는 정수로 지정되는 이산적인 값으로 제한된다.
4. 안정 상태는 모든 수소 원자에 공통되는 보편성을 지닌다.

가장 큰 수수께끼는 범위가 있는 안정 상태가 존재한다는 것이었다. 전자가 뉴턴역학을 따르는 입자라면 이런 안정 상태가 존재한다고는 생각하기 어렵다. 안정 상태의 존재와 밀접한 관계가 있는 것은 수소 원자의 에너지가 정수로 지정되는 이산적인 값으로 제한된다는 사실이다. 이 값은 보편적이며, 행성이 가진 에너지처럼 안정 상태에 이르기까지의 구체적인 과정에 의존하는 것이 아니라 물리법칙에 따라 결정된다.

그렇다면 물리법칙에 따라 넓은 영역에 걸친 안정 상태가 실현되고 그 에너지가 정수로 지정되는 것은 어떤 경우일까?

슈뢰딩거의 해답

슈뢰딩거는 전자가 고유진동이 되는 정상파를 형성할 때 이런 수수께끼에 싸인 성질이 전부 실현된다는 사실을 깨달았다. 정상파의 파형은 파동을 발생시키는 구체적인 과정에 의존하지 않으며, 같은 시스템이라면 항상 같은 형태의 파형이 생긴다. 고유진동은 안정되어 있으므로 장기간에 걸쳐 유지된다. 파동이므로, 어딘가에 국한되지 않고 넓게 퍼진다. 그리고 무엇보다 정상파는 정수로 분류할 수 있다.

원자의 수수께끼를 단번에 해결할 실마리를 찾아냈음을 직감한 슈뢰딩거는 정상파의 아이디어를 이용해 원자의 상태를 기술하는 이론을 구축하려 했다. 이론 구축을 위해서는 전자의 실체, 쿨롱의 법칙, 뉴턴의 운동방정식 등 모든 것을 바꿀 필요가 있었다.

슈뢰딩거는 먼저 전자는 입자가 아니라 파동이라고 생각했

도판 2-1 • 갇힌 물의 정상파

다(원자핵은 논의의 대상으로 삼지 않았다). 그리고 뉴턴의 운동 방정식 대신 파동의 변화를 나타내는 파동방정식, 훗날 슈뢰딩거 방정식이라는 명칭으로 불리게 되는 방정식을 제안했다. 이 방정식은 19세기에 연구된 여러 가지 파동의 방정식과 부분적으로 비슷하며, 계수에는 광속이나 플랑크상수(양자 효과의 크기를 결정하는 물리상수), 전자의 전하 등 보편적인 물리상수만이 들어간다. 또한 거리의 제곱에 반비례하는 크기로 입자에 작용하는 쿨롱 힘이 아니라 잠재적인 에너지로서 모든 장소에 존재하는 쿨롱 퍼텐셜(Coulomb potential)의 항이 들어간다.

갇힌 파동은 형태를 만들어 낸다

슈뢰딩거가 전자를 파동으로 간주하기에 이른 이유는 '갇힌 파동은 공명 패턴이 되는 형태를 만들어 낸다'는 성질을 잘 알고 있었기 때문일 것이다.

도판 2-1은 물이 담긴 플라스틱 용기의 가장자리에 전동 칫솔을 담갔을 때 용기 내부의 수면이 물결치는 모습을 찍은 것이다(저자 촬영). 수면은 다양한 진동수로 진동할 수 있으므로, 전동 칫솔의 진동이 전달됨에 따라 같은 진동수의 파장이 생겨난다. 이는 외부에서 강제로 가한 진동에 물이 공명(공진)했음을 의미한다. 파동의 파장은 가해진 진동수와 공명할 수 있는 것으로 한정된다.

물을 가두는 경계가 없다면 진동은 주위에 전해지는 물결이 되어서 퍼져나간다. 이때의 파동은 어딘가로 나아가는 파동이라서 진행파라고 불린다. 그런데 플라스틱 용기의 벽에 차단되어서 특정 영역에 갇히면 파동은 진행파와는 다른 모습을 나타낸다. 경계에서 반사된 파동이 입사파와 간섭하기 때문이다.

입사파와 반사파의 간섭이 어떤 결과를 만들어 내는지 가장 간단한 예를 통해 설명하겠다. 용기의 벽이 거울의 면 같은 작용을 해서, 벽면 없이 그대로 나아갔을 때와 같은 파형이

벽면 부분에서 반사된 형태로 반사파가 된다고 가정하자. 이때 입사파와 반사파가 겹쳐서 파동의 높이가 정확히 두 파동을 더한 값이 된다고 가정하면, 이 둘이 간섭해서 생기는 합성파는 도판 2-2와 같아진다. 진폭이 같고 방향이 반대인 파동이 겹친 탓에 합성파는 오른쪽으로도 왼쪽으로도 나아가지 않고 같은 장소에서 상하운동을 반복하게 된다. 이것이 어느 방향으로도 나아가지 않는 정상파다.

다만 실제로 반사가 일어날 때는 완전한 거울 면에 반사된 것처럼 되진 않는다. 진행 방향이 어긋난 무수한 파동이 엇갈리기 때문에 초기 단계에서는 수면이 복잡하게 변동한다. 그러나 시간이 지나면서 대부분의 파동이 간섭을 통해 지워져 간다. 욕조에 담긴 물을 휘저으면 한동안은 다양한 물결이 왔다갔다 하면서 복잡한 양상을 띠지만 시간이 조금 지나면 욕조 안의 물 전체가 천천히 움직이는 것과 마찬가지다(도판 2-3). 이때의 움직임은 특정한 파장을 유지한 채 수면이 올라갔다 내려갔다 하는 것으로, 욕조에 생긴 정상파라고 할 수 있다.

욕조처럼 물결을 가두는 영역이 좁으면 물 전체가 천천히 움직이기에 물결처럼 보이지 않을지도 모른다. 그러나 용기가 파장에 비해 충분히 크면, 수면에 모양을 그리듯이 물결이 치고 있는데도 어디로도 나아가지 않는 현상을 볼 수 있다. 도판

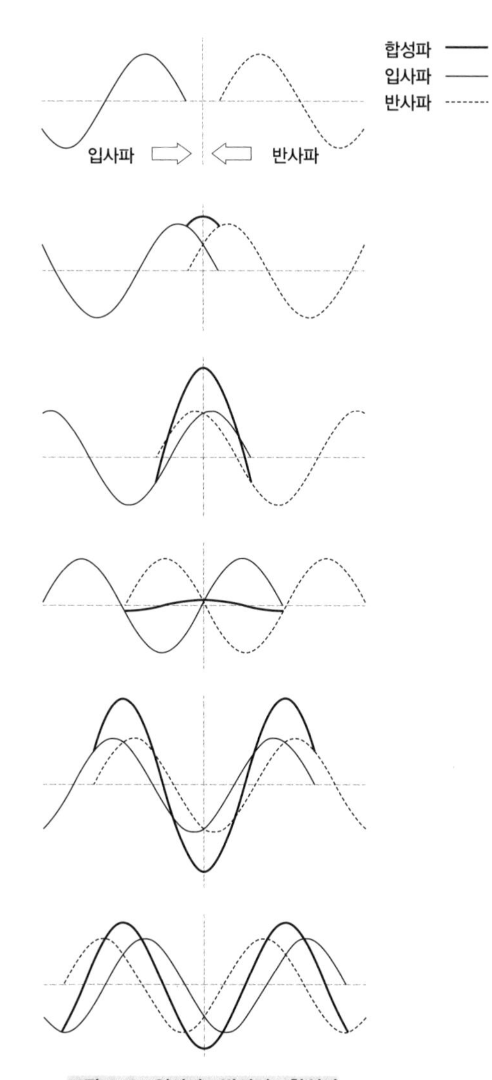

도판 2-2 • 입사파 · 반사파 · 합성파

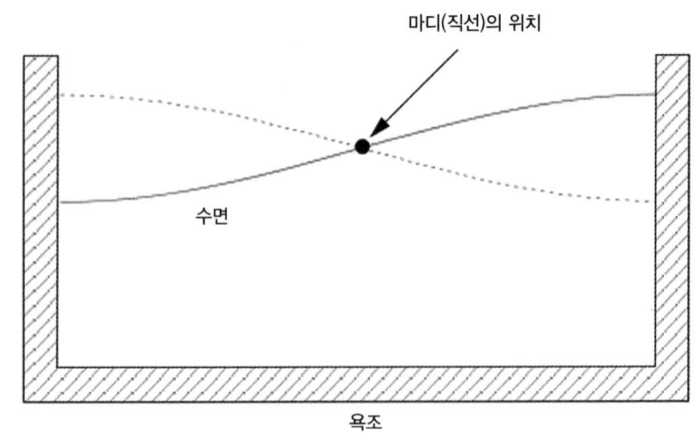

도판 2-3 • 욕조의 정상파

2-1에서는 용기의 벽이 가로세로 2차원이 되기 때문에 정상파가 바둑판무늬 같은 모양을 그렸다. 전동 칫솔을 담그는 위치를 일정하게 유지하기가 어려우므로 모양은 시간의 변화에 따라 바뀌지만, 바뀌는 속도는 물결이 전해지는 속도보다 훨씬 느리다.

기하학적인 모양을 그리는 정상파는 특정한 영역에 파동을 가뒀을 때 일반적으로 보이는 현상이다. 파동이 갇힌 영역에서는 반대 방향으로 나아가려고 하는 파동이 상쇄되고 어느 방향으로도 나아가지 않는 정상파만이 남기 때문이다. 이런 정상파의 파형은 경계의 형태나 매질의 물리적 특성에 따라서 결정되며, 물결무늬처럼 '만들어질 때마다 전혀 다른 모양이

나타나는' 일은 없다.

현(弦)의 진동을 예로 생각해 보자

구체적인 이미지를 떠올리기 쉬운 정상파의 예로는 양 끝을 고정시킨 현(弦)을 튕겼을 때 생기는 파동이 있다. 현을 튕긴 직후의 상태를 초고속 카메라로 촬영하면 현이 복잡하게 진동하는 모습을 볼 수 있다. 그러나 고정된 양 끝에서 반사된 파동이 간섭을 일으키기 때문에 안정적인 정상파를 형성하는 특정 파동 이외에는 상쇄되어 버린다. 그리고 최종적으로 살아남은 정상파는 장기간에 걸쳐 그 현에서 고유의 진동을 계속하므로 고유진동이라고 불린다. 현악기 등의 현에서는 고정된 끝부분에서 에너지가 주위로 흩어지기 때문에 점차 진폭(진동의 중심에서 최대 변위까지의 거리)이 작아지지만, 고립된 원자 내부의 파동처럼 에너지의 방출이 없을 경우는 같은 진동이 영원히 유지된다.

오래 지속되는 정상파는 외부에서의 진동에 공명(공진)해서 생길 때가 있다. 현악기의 음은 진동이 길게 유지되는 정상파가 만들어 내는데, 현이 많은 악기는 종종 현끼리 서로 공명한다. 가령 인도의 현악기인 시타르의 경우는 연주현 외에 공명현이 있어서, 연주현을 튕기면 직접 튕기지 않은 공명현도 진동해서 독특한 울림을 만들어 낸다. 원자의 경우 다양한 진동수를 포함하는 빛이 조사(照射)되었을 때 그중 특정한 성분이 공명을 일으켜서 높은 에너지 상태로 전이한다.

이처럼 정상파는 공명 현상과 깊은 관계가 있으며, 그 파형은 공명 패턴이라고 부를 수 있다. 현을 튕겼을 때의 가장 기본적인 정상파는 중앙이 최대 진폭으로 진동하고 끝으로 향할수록 진폭이 매끄럽게 감소하는 진동이다. 이 유형의 진동을 기본 진동이라고 부른다(도판 2-4-(1)).

기본 진동 이외의 정상파에서는 전혀 진동하지 않는 부분이 나타난다. 이 부분이 진동의 '마디'다. 현의 진동에서 중심 부분이 유일한 마디가 되는 경우는 기본 진동에 대해 파장이 절반이고 진동수가 2배인 진동으로, 이를 2배 진동이라고 부른다. 또한 3배 진동, 4배 진동도 존재한다. 마디의 수가 증가할수록 파장이 짧아지고 진동수가 커진다(도판 2-4-(2), (3)).

현의 진동 이외의 경우에도 공명 패턴에 마디가 나타난다. 수평 방향의 단면이 직사각형인 욕조의 경우, 기본 진동의 마디는 위에서 봤을 때 중앙부이며 직사각형의 한 변과 평행하다(도판 2-3 참조). 컵이나 기름 탱크 같은 원통형 용기에 담긴 물을 진동시키면 욕조와 마찬가지로 처음에는 다양한 파동이 수면을 오가지만 그 대부분이 간섭을 통해 지워지면서 한정된

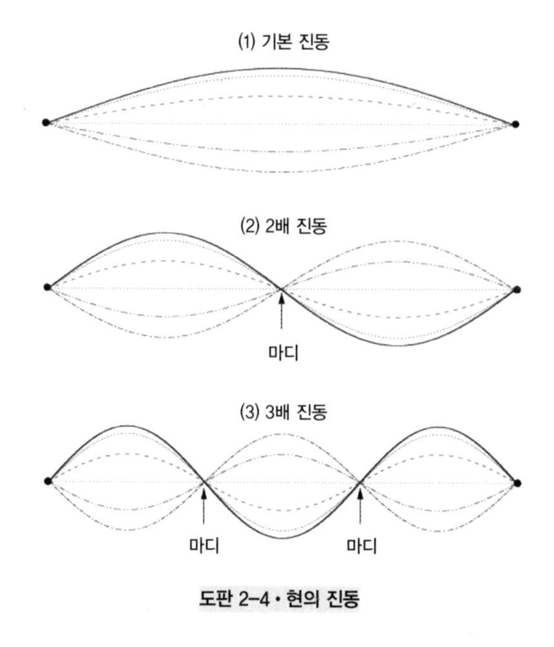

도판 2-4 • 현의 진동

공명 패턴만이 살아남는다. 가장 단순한 공명 패턴은 물의 절반은 솟아오르고 나머지 절반은 가라앉는 것으로, 이때 진동하지 않는 마디는 수면이 정지했을 때의 원의 지름이 된다(옆에서 보면 도판 2-3과 같은 파형이 관찰된다). 무수히 존재하는 지름 가운데 어떤 지름이 마디가 될지는 초기 상태의 아주 작은 차이에 의존하기 때문에 쉽게 예측할 수 없다. 그러나 단순히 마디의 방향이 다를 뿐이기에 진동 패턴으로는 '마디가 1개'라는 같은 유형의 정상파로 분류된다.

주위가 원형의 틀로 고정된 큰북을 두드렸을 때, 가죽 막의 기본 진동은 중앙이 솟아오르거나 가라앉고 주변으로 갈수록 진폭이 감소하는 정상파다. 그러나 이보다 복잡한 공명 패턴도 가능하다. 컵 속의 물처럼 원의 지름 방향으로 마디가 생기는 진동이나, 마디가 원형이고 그 안쪽과 바깥쪽에서 변위가 반대 방향이 되는 진동도 있다.

이처럼 정상파가 되는 공명 패턴은 마디의 수나 형태(직선인가, 원형인가)를 사용해 분류할 수 있다.

파동을 가두는 힘의 정체

슈뢰딩거가 채용한 전제에 따르면 전자는 입자가 아니라 펼쳐진 파동 그 자체이며, 어떤 파형이 되는지는 파동방정식(슈뢰딩거 방정식)의 해로 주어진다. 수소 원자핵(양성자)은 전자를 끌어당기지만, 거리의 제곱에 반비례하는 쿨롱 힘은 전자가 입자임을 전제로 삼기 때문에 파동의 상태를 조사하는 데는 사용할 수 없다. 슈뢰딩거는 그 대신 파동방정식에 쿨롱 퍼텐셜이라는 항을 추가해 파동으로서의 전자의 움직임에 제한을 두었다.

퍼텐셜이 무엇인지를 이해하는 쉬운 방법은 기압을 떠올리는 것이다. 기체로 채워진 영역에서는 온갖 지점에서 기압을 정의할 수 있다. 기압에 차이가 있으면 물체를 기압이 높은 영역에서 낮은 영역으로 이동시키는 힘이 가해진다. 이와 마찬가지로 퍼텐셜은 공간의 온갖 지점에서 정의되며 퍼텐셜의 차이에 따라 물체를 이동시키는 힘이 발생한다. 실험에서 관측되는 쿨롱 힘은 멀리 떨어진 전하로부터 공간을 뛰어넘어서 작용하는 원격력이 아니라 주위의 퍼텐셜을 통해서 발생하는 근접력인 것이다.

쿨롱 퍼텐셜을 만드는 것은 전하다. 고립된 점 형태의 전하가 만들어 내는 퍼텐셜은 거리에 반비례해서 감소하는 함수형이 되며, 계수로서 전하의 값이 추가된다. 수소 원자핵이 가진 전하는 어떤 수소 원자든 동일하므로, 쿨롱 퍼텐셜은 모든 수소 원자에 공통의 함수가 된다. 이것이 수소 원자의 에너지가 보편적인 값이 되는 이유다.

쿨롱 퍼텐셜은 전자의 파동을 원자핵의 근방으로 끌어당기는 작용을 한다. 그 결과 전자의 파동은 원자핵에서 멀리 떨어질수록 급속히 감쇄하며, 실질적으로 원자핵의 주변에 파동이 속박된다. 욕조의 벽이나 현을 고정시킨 부분 같은 명확한 경계는 없지만, 쿨롱 퍼텐셜의 작용으로 전자의 파동은 원자에 갇힌 상태가 된다.

갇힌 전자의 파동은 왔다 갔다 하면서 서로 간섭한다. 이렇게 해서 진행파는 점차 사라지고 공명 패턴을 그리는 정상파만이 살아남는다. 슈뢰딩거는 파동방정식을 사용해 그런 정상파의 진폭이 어떻게 되는지를 구한 것이다.

수소 원자에서 무슨 일이 일어나고 있는가?

이때의 정상파가 보여주는 공명 패턴은 마디의 수와 형태를 사용해 분류된다. 도판 2-5는 원자핵을 통과하는 직선상에서의 정상파의 파형을 그린 것이다. 이 그림은 가장 크게 진동했을 때의 파형을 나타낸 것으로, 파동과 가로축이 교차하는 부분이 진동하지 않는 마디에 해당한다.

슈뢰딩거가 구한 결과에 따르면 가장 기본적인 진동의 패

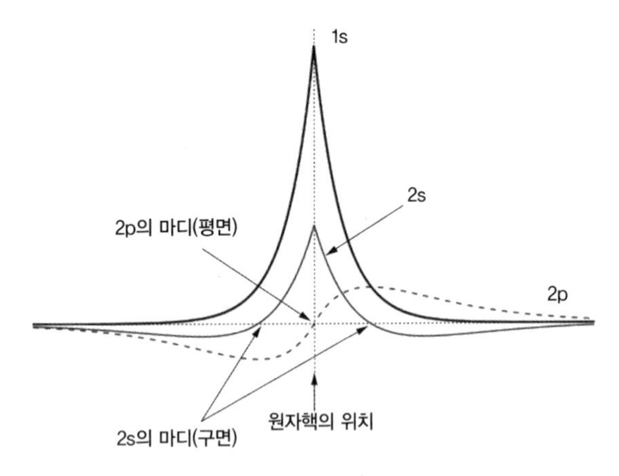

도판 2-5 • 수소 원자의 파형

턴은 마디가 존재하지 않고 원자핵이 존재하는 중심에서 가장 크게 진동하는 형태였다. 다만 중심에서는 쿨롱 퍼텐셜이 무한대가 되는 탓에 전자의 파동도 완만해지지 못하고 뾰족한 함수가 된다. 그리고 중심에서 멀어지면 전자파의 진폭은 감소한다.

중심 부분이 크게 진동하고 중심에서 멀어짐에 따라 진폭이 감소하지만, 전혀 진동하지 않는 마디는 나타나지 않는다. 이 진동 패턴은 양 끝이 고정된 현의 기본 진동(55쪽의 도판 2-4-(1))과 매우 닮았다. 이런 파형은 원자핵에서 봤을 때 어떤 방향에서나 적용되므로, 전자의 분포를 통해서 결정되는 수소 원자의 형태는 구형이 된다. 물리학적으로 표기하면 이 상태는 1s라는 기호로 표현된다.

기본 진동은 에너지가 최저가 되는 상태다. 슈뢰딩거 방정식을 사용하면 파동의 에너지를 구하는 것도 가능하다. 기본 진동의 에너지는 물리상수를 사용해서 표현되는데, 여기에서는 지금까지와 마찬가지로 －E라고 적어놓자.

기본 진동 이외의 해(解)도 파동방정식으로 구할 수 있었다. 기본 진동보다 에너지가 한 단계 높은 정상파에는 마디가 1개 존재한다. 다만 컵이나 욕조 안의 수면이 2차원적인 데 비해 수소 원자는 3차원적으로 펼쳐져 있기 때문에 마디의 형태는 원이나 직선이 아니라 구면이나 평면이 된다. 구면의 마디가 1개 존재하는 상태에는 2s, 평면의 마디가 1개 존재하는 상태에는 2p라는 기호가 주어진다(구면의 중심은 원자핵의 위치가 된다. 평면이 원자핵을 통과하는 면이라면 어떤 방향이든 허용되므로 2p의 상태는 마디가 되는 평면의 방향에 따라 세 종류가 존재한다). 2s나 2p 상태의 에너지를 파동방정식에 근거해 계산했더니 기본 진동의 에너지인 −E의 4분의 1이 되었다.

그보다 에너지가 더 큰 상태로 3s, 3p 등이 있는데, 이 상태의 에너지를 계산해 보면 −E의 9분의 1이 된다. 파동방정식의 해는 무한히 존재하기에 4s, 5s, …… 등으로 표시되는 상태도 있으며, 그 에너지는 순서대로 −E/16, -E/25, ……가 된다. 요컨대 수소 원자의 에너지는 기본 진동의 에너지를 정수의 제곱으로 나눈 값이 된다. 그리고 이 결과는 실험 데이터와 정확히 일치했다.

양 끝이 고정된 현의 진동(55쪽 도판 2-4-(2), (3))과 비교하면 2p는 2배 진동, 2s는 3배 진동과 파형이 유사해서, 정상파가 지닌 공통의 성질을 알 수 있다.

다만 중요한 차이점도 몇 가지 있다. 수소 원자의 정상파에서는 원자핵의 위치에서 파형이 매끄러운 함수가 되지 않는다는 점, 마디의 형태가 구면이나 평면처럼 2차원적으로 펼쳐진다는 점은 이미 지적한 바 있다. 그런데 또 하나의 중요한 차이점은 정상파의 크기를 결정하는 것이 물리상수라는 것이다. 양 끝을 고정한 현의 경우, 정상파의 파장을 결정하는 것은 양 끝의 간격이라는 '외부에서 주어진' 양이다. 그러나 수소 원자에는 이런 외곽의 틀이 존재하지 않는다. 전자의 파동이 어디까지 퍼지는지를 결정하는 것은 쿨롱 퍼텐셜의 함수형이며, 특히 그 안에 포함되어 있는 물리상수가 중요한 역할을 한다. 슈뢰딩거의 파동방정식에는 전자의 질량과 전하, 플랑크 상수, 광속 등의 물리상수가 포함되어 있으며, 이것을 조합하면 보어 반지름이라고 부르는, 길이의 차원을 갖는 양을 얻을 수 있다. 보어 반지름은 0.053나노미터로, 진동방정식을 풀면 전자파가 어떤 파형이 되는지를 보어 반지름의 길이를 기준으로 구할 수 있다. 최저 에너지 상태(1s)의 수소 원자에서 원자핵과 전자의 평균 거리는 보어 반지름의 1.5배로 계산되므로 0.08나노미터라는 값을 얻을 수 있다.

파동을 가두는 명확한 경계가 없음에도 모든 수소 원자의 크기가 동일한 이유는 이처럼 보어 반지름을 기준으로 하는 같은 형태의 정상파가 만들어지기 때문이다.

양자 효과의 본질을 파고들다

수소 원자가 정해진 크기와 형태를 가지며 에너지가 정수로 지정되는 특정한 값이 되는 이유는 수소 원자핵(양성자)의 주위에 수소의 정상파가 형성되기 때문이라고 생각하면 이해하기 쉽다. 여기에서 중요한 점은, 쿨롱 퍼텐셜 항을 포함하는 파동방정식을 통해 정상파의 파형이 보편적으로 결정된다는 것이다. 항성 주위를 도는 행성의 경우, 모든 행성계가 뉴턴의 법칙을 따름에도 공전궤도 반지름은 물질의 응집 방식에 좌우되며 특정 값으로 한정되지 않는다. 그런데 수소 원자의 경우는 쿨롱 퍼텐셜이 파동의 움직임에 일정한 작용을 하는 까닭에 어떤 수소 원자든 같은 정상파가 형성된다. 그래서 수소 원자의 에너지는 지구상에서든 안드로메다은하에서든 같은 값이 된다.

수소 원자만이 아니다. 금의 결정을 촬영한 현미경 사진(주사 탐침 현미경 등을 사용해 촬영한 것)을 보면 구형(球形)의 금 원자가 규칙적으로 나열되어 있다. 이 유형의 현미경은 원자의 전기적인 작용을 측정한 뒤 그 데이터를 계산해서 영상으로 변환하는 것으로, 사진의 상이 금 원자의 형태와 완전히 일치한다고는 말할 수 없지만, 전자가 구상(球狀)으로 일정하게 펼쳐져 있음은 분명하다.

어떤 원자든 크기와 모양이 같다는 것은 잘 생각해 보면 정말 신기한 일이다. '같은 물리법칙을 따르니까'라고 단순하게 결론 내릴 수 있는 것이 아니다. 같은 뉴턴역학의 법칙에 따라서 형성되었음에도 가령 페가수스자리 51 b라는 행성은 공전궤도 반지름도 질량도 태양계의 행성과 큰 차이를 보인다. 모든 원자가 같은 성질을 지니는 것은 단순히 같은 물리법칙을 따르기 때문이 아니라, 그 법칙을 통해서 실현되는 시스템의 물리적 성질이 동일하기 때문이다. 그리고 이는 같은 공명 패턴이 되는 정상파가 형성되었다고 생각할 때 비로소 설명이 가능하다.

양자론이라고 하면 '불확정성원리'라든가 '관측 문제' 등 뭔가 굉장히 난해한 것으로 생각하는 사람도 있을 터이다. 그러나 이런 것들은 굳이 따지자면 부차적인 문제다. 양자론의 본질은 온갖 물리현상의 기저에 파동이 존재한다는 것이다. 양자 효과란 기저에 존재하는 파동의 성질이 표면화하는 것이라고 말할 수 있다.

원자에서 분자로

정상파는 물결무늬처럼 시시각각으로 변화하는 것이 아니라 같은 공명 패턴을 유지하는 안정적인 상태다. 그러나 하나의 패턴을 고집스럽게 유지하는 것은 아니며, 상황에 따라 변화할 수도 있다. 가령 수소 원자는 고립된 상태에서는 안정적이지만 두 수소 원자가 접근하면 화학반응을 일으켜서 수소 분자를 형성할 때가 있다. 이 과정은 공명 조건의 변화로 파악할 수 있다.

이야기를 단순하게 만들기 위해서 먼저 양성자 2개와 전자 1개로 구성된 수소 분자 이온(수소 분자보다 전자가 1개 적다)을 예로 들어보겠다. 양성자는 플러스의 전하를 가지므로 양성자끼리는 쿨롱 힘에 따라 서로 반발한다. 양성자 2개뿐이라면 절대 하나의 시스템으로 합쳐지지 않는다.

그런데 양성자 사이에 전자가 끼어들면 상황이 달라진다. 양성자 2개의 중간 지점에 전자가 존재하는 경우를 쿨롱 힘을 사용해서 생각해 보자. 쿨롱 힘은 거리의 제곱에 반비례한다. 따라서 한쪽의 양성자가 다른 쪽의 양성자로부터 받는 척력은 절반의 거리에 있는 전자로부터 받는 인력의 4분의 1밖에 안 된다. 힘의 합계를 생각하면 두 양성자는 전자가 존재하는 중간 지점으로 끌어당겨진다(도판 2-6).

다만 뉴턴역학에 따르면 이 시스템은 안정적이지 못하다. 전자의 위치가 한쪽 양성자와 아주 조금이라도 가까워지면 그대로 전자와 양성자가 달라붙어 버리며 다른 쪽 양성자는 붙

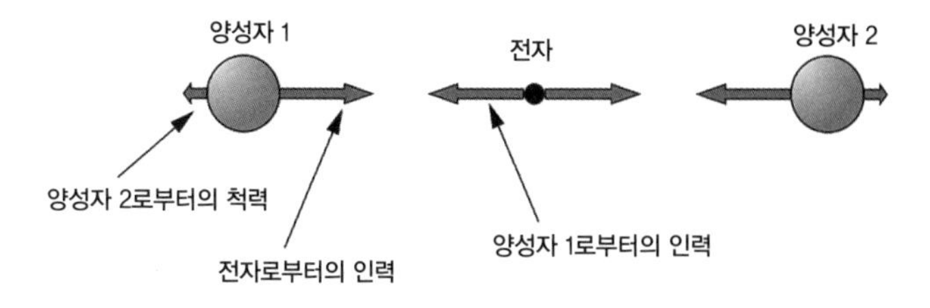

도판 2-6 • 수소 분자 이온

잡아 두지 못하게 된다. 양성자 2개, 전자 1개로 구성된 시스템이 안정적이 되려면 전자가 뉴턴역학을 따르는 입자가 아니라 정상파를 형성해야 한다. 이 정상파를 기술하는 슈뢰딩거의 파동방정식에는 양성자 사이의 거리에 의존하는 쿨롱 퍼텐셜 항이 존재한다. 양성자 사이의 거리가 변할 수 있다는 조건 아래에서 계산하면, 안정적인 정상파가 형성되는 것은 양성자 사이의 거리가 0.106나노미터일 때다. 수소 분자 이온의 크기도 수소 원자와 마찬가지로 어떤 정상파가 형성되느냐에 따라 결정되는 것이다.

수소 분자 이온에서 두 양성자 사이에 있는 전자는 어느 한 쪽의 양성자에 속박되지 않고 말하자면 두 양성자에 공유된 상태가 된다. 이렇게 공유된 전자를 통해 원자핵(혹은 이온)이 결합하는 것을 공유결합이라고 한다. 다만 전자 1개만으로는 공유결합이 불완전하며, 완전한 결합 상태를 실현하려면 2개의 전자(전자쌍)가 필요하다. 전자쌍을 통한 공유결합은 매우 단단해서 쉽게 파괴되지 않는다.

고립된 수소 원자의 경우, 전자가 구상(球狀)으로 분포하는 상태(1s)가 안정적인 최저 에너지 상태다. 그런데 수소 원자 2개를 접근시키면 공명 조건이 변화해 더 에너지가 낮은 정상파가 가능해진다. 이것이 2개의 전자 모두 2개의 양성자에 공유된 완전한 공유결합의 상태다. 전자는 에너지가 낮은 상태로 이동하려는 성질이 있는데, 분자가 되면 고립된 수소 원자의 최저 에너지 상태보다 더 낮은 에너지 상태가 되므로 외부에서 작용을 가하지 않아도 자연스럽게 반응이 진행되어 수소 분자가 형성된다.

물리학으로 화학을 설명하다

분자나 결정에는 공유결합 이외의 것도 있다. 가령 금속 결정의 경우는 원자핵에 속박되지 않고 틈새를 자유롭게 움직이는 전자가 존재한다. 공유결합만으로 빈틈없이 짜인 다이아몬드 결정보다 금속 결정이 쉽게 변형되는 이유는 그 때문이다. 또한 반짝거리는 금속광택은 자유롭게 움직이는 전자가 만들어 내는 것이다. 염화나트륨의 결정은 전자가 염소 원자 쪽으로 치우친 상태로 속박되어 있으며, 이것은 공유결합이 아니라 이온결합이라고 부르는 유형이다. 원자 사이의 결합력이 약해서 물에 넣으면 염소와 나트륨이 이온이 되어 녹아 나온다.

분자나 결정의 형태는 원자핵의 배치에 맞춰서 어떤 공명 패턴이 가능한가에 따라 결정된다. 산소 원자 1개, 수소 원자 2개로 구성되는 물 분자의 경우, 산소와 각각의 수소 사이에 2개의 전자가 공유되어 2쌍의 공유결합이 실현된다. 그리고 여기에 두 수소의 간격을 바꾸는 작용도 일어나기 때문에 물 분자는 'ㅅ' 자처럼 구부러진다.

단백질 같은 거대 분자는 원자핵의 배치가 조금만 바뀌어도 다양한 공명 패턴이 나타난다. 그래서 외부와 에너지를 주고받으면서 분자의 입체 구조가 변화하기도 한다. 단백질 분자는 아미노산이 길게 이어진 사슬 형태인데, 물에 들어가면 물 분자가 충돌해 에너지 상태를 바꾸기 때문에 그에 맞춰서 사슬이 복잡하게 접힌다. 다만 아무렇게나 접히는 것은 아니며, 언제나 정상파를 실현하는 정형적인 변화로 제한된다. 이 정형적인 변화가 단계적으로 발생하면서 단백질 분자는 정밀 기계처럼 기능해 생명 활동을 가능케 한다.

원리적으로는 슈뢰딩거의 파동방정식을 풀면 분자나 결정의 내부에서 어떤 공명 패턴이 실현되는지 구할 수 있다. 다만 실제로 계산하기는 매우 어려워서 어떤 식으로든 단순화하지 않으면 해를 구할 수가 없다.

고전적인 원자론으로는 화학변화가 일어날 때 원자끼리의 결합이 어떻게 변화하는지를 전혀 설명할 수 없었다. 그러나 전자가 정상파를 형성한다고 생각하면 원자핵의 위치가 이동하면서 공명 조건이 변화하는 것으로 화학변화를 이해할 수 있게 된다.

'전자는 파동이다'라는 아이디어

슈뢰딩거는 1926년부터 전자가 파동이라는 구상을 전개한 일련의 논문을 발표했는데, 그때 실마리로 삼은 것이 루이 드 브로이의 물질파 이론이었다.

수소 원자가 갖는 에너지가 정수로 지정되는 이산적인 값이 된다는 것은 20세기 초부터 알려져 있었다. 그렇다면 이런 에너지의 제한이 생기는 이유는 무엇일까? 이에 대해 드 브로이는 전자가 파동의 성질을 갖기 때문이라고 생각했다. 그 파동이 정상파라는 생각에는 이르지 못했지만, 드 브로이는 이 아이디어를 바탕으로 운동량과 파장의 관계를 이끌어 냈다.

1924년, 드 브로이는 전자가 파동으로서 움직인다고 논하는 박사 논문을 대학에 제출했다. 상식을 벗어난 내용에 당황한 교수진은 알베르트 아인슈타인에게 의견을 물었는데, 이때 아인슈타인이 논문의 내용을 높게 평가하면서 역사의 톱니바퀴가 움직이기 시작했다. 아인슈타인은 이상기체(理想氣體)의 통계적인 요동에 관한 자신의 1925년 논문에서 드 브로이의 연구를 인용했다.

전자는 전기적 현상의 주역이다. 전기가 물질의 내부를 흐르듯이 이동한다는 사실은 18세기 후반에 판명되었지만, 그 실체가 무엇인지는 수수께끼로 남아있었다. 그런데 19세기 말이 되어서 음극선 실험을 계기로 마침내 전자의 정체가 밝혀진다. 음극선이란 진공관에 강한 전압을 가했을 때 음극 쪽에서 방출되는 에너지의 흐름을 가리킨다. 음극선의 정체를 밝히기 위해 전기장이나 자기장을 걸어서 음극선의 진행 경로가 어떻게 변화하는지 조사했는데, 그 결과 일정 질량과 마이너스 전하를 갖는 입자가 뉴턴의 운동방정식에 따라 운동할 경우와 같은 움직임을 보인다는 것을 알게 되었다. 음극선의 움직임이 뉴턴역학을 따르는 하전입자의 운동과 같기 때문에 음극선은 다수의 입자가 모여서 이동하는 빔으로 추측되었고, 그렇다면 전류를 담당하는 입자가 외부로 튀어나온 것이라고 해석하는 편이 자연스럽다. 이 입자를 전자라고 명명한 것이다. 그런데 드 브로이는 전자의 실체를 입자와는 전혀 이질적인 존재의 파동으로 가정했다. 이는 물질적인 것이 사실은 파동이라는 '물질파' 아이디어의 시작이었다.

다만 드 브로이 본인은 입자인지 파동인지 양자택일의 판단을 하지 않은 듯 "전자의 내부에 진동이 있다"거나 "전자에 파동이 부수된다" 같은 모호한 표현을 사용했다. 그런 탓도 있어서 드 브로이의 이론은 모호하고 설득력이 떨어졌다.

슈뢰딩거는 드 브로이의 모호한 주장을 체계적인 이론으로 발전시켰다. 아인슈타인이 논문에서 인용한 드 브로이의 연구에 흥미를 느낀 슈뢰딩거는 출판된 드 브로이의 박사 논문을 꼼꼼히 읽었고, 그 논문에서 그동안 물리학자를 고민에 빠트렸던 문제를 풀어줄 열쇠를 발견했다. 원자의 내부에서 전자가 갖는 에너지가 특정한 값으로 제한되는 이유는 '물질파가 정상파를 형성하기 때문'이라는 발상이다.

슈뢰딩거가 어떻게 파동방정식을 이끌어 냈는지 완전히는 알려지지 않았다. 남아있는 연구 노트에는 파동방정식을 이끌어 내는 핵심 부분이 빠져있다. 추측건대 파동의 공명 상태를 다루는 식으로 유명한 헬름홀츠 방정식을 바탕으로 드 브로이가 제시한 운동량과 파장의 관계를 재현한다는 조건을 부과함으로써 전자의 파동이 따르는 파동방정식(슈뢰딩거 방정식)을 찾아냈으리라.

드 브로이의 주장에서는 전자의 실체가 입자인지 파동인

지, 아니면 둘 다 아닌지가 분명치 않다. 드 브로이는 운동량과 파장의 관계는 이끌어 냈지만 여기에서 실험 데이터와 비교할 수 있는 귀결은 거의 이끌어 내지 못했다. 그에 비해 슈뢰딩거는 전자가 지닌 에너지를 계산하는 도구를 제공해 다양한 분야에서 응용할 수 있게 했다. 실제로 그가 고안한 슈뢰딩거 방정식은 발표된 지 100년 가까이 지난 지금도 미시 세계에서 무슨 일이 일어나고 있는지를 해명하기 위한 가장 유력한 계산 수단의 지위를 유지하고 있다. 슈뢰딩거가 있었기에 20세기 물리학이 비약적인 진보를 이룩할 수 있었음은 의심할 여지가 없다.

슈뢰딩거의 실수

슈뢰딩거는 그 자신이 이끌어 낸 파동방정식으로 수소 원자에서의 전자의 에너지를 계산해, 실험 데이터와 일치하는 관계를 이론적으로 이끌어 냈다. 그리고 이 성과를 근거로 '전자는 파동이다'라는 참신한 '파동역학'을 제창하기에 이른다. 전자라는 입자는 존재하지 않으며, 파동이 입자처럼 움직이고 있을 뿐이라는 것이다.

그러나 한편으로 그는 큰 실수를 저질렀다. 슈뢰딩거 방정식에 사용되는 파동함수가 전자 그 자체라고 해석한 것이다.

파동함수는 전자 내부에서는 정상파의 형태를 띠며 특정한 에너지 상태를 나타낸다. 원자 속 전자가 어떤 모습인지 관찰할 방법은 (당시나 지금이나) 없으므로, '전자=정상파'라고 생각해도 관측 사실과의 사이에 모순은 없다. 그러나 원자 외부로 뛰쳐나간 전자를 생각할 경우, 슈뢰딩거의 주장에는 무리가 있다. 음극선 실험의 결과를 믿는다면 진공 속을 날아다니는 전자는 명백히 입자처럼 보이기 때문이다.

슈뢰딩거 방정식을 따르는 파동은 원자의 외부로 나가면 입자로서 덩어리를 유지하지 못하고 시간이 경과함에 따라 확산되고 만다. 원자 외부에서는 전자의 파동이 갇혀있지 않아 정상파를 형성하지 않기 때문이다.

슈뢰딩거는 원자의 외부에서도 파동이 좁은 범위에 집중되는 고립파가 된다고 주장했지만, 그렇게 되려면 특수한 퍼텐셜의 존재를 가정할 필요가 있기 때문에 현실적이지 않다. 갇히지 않은 파동이 주위로 확산되어 파형이 무너지는 것은 물리적인 필연이라고 할 수 있다. 슈뢰딩거의 파동역학과 관측 사실을 양립시키려면, 전자가 원자 바깥쪽에서는 역학 법칙을 따르는 입자와 같지만 일단 속박되면 마치 입자가 녹기라도 한 것처럼 파동으로서 움직인다고 생각하는 수밖에 없는데, 이는 너무나 기묘한 이야기였다.

당시 파동역학과는 완전히 이질적인 양자론인 행렬역학을 전개했던 베르너 하이젠베르크 등이 이런 결점을 강하게 비판하자 슈뢰딩거는 결국 '전자는 파동이다'라는 주장을 철회하고 자신이 고안한 파동함수는 전자의 확률적인 움직임을 나타낸다고 생각하게 된다.

'전자는 입자가 아니라 파동이다'라는 슈뢰딩거의 해석으로는 음극선 등의 실험에서 전자가 입자와 같은 움직임을 보이는 이유를 설명할 수 없었다. 그러나 원자 외부로 나온 전자를 항상 뉴턴역학을 따르는 입자로 간주할 수 있는가 하면 꼭 그렇지는 않다. 원자의 외부에서도 뉴턴역학을 따르지 않는 사례가 발견된 것이다. 구체적으로는 전자회절(electron diffraction)이라고 부르는 현상이다. 이 현상은 슈뢰딩거의 제1논문이 발표된 이듬해인 1927년에 발견되었는데, 여기에서는 전자회절을 단순화한 사례로 이중 슬릿 실험을 소개하겠다(도판 3-1).

이중 슬릿 실험이란 2개의 슬릿(좁은 틈새)을 통해서 스크린에 전자빔을 조사(照射)해 명암의 간섭무늬를 만드는 실험이다. 다만 실제로는 슬릿이 아니라 이온 트랩법(이온을 진공 속

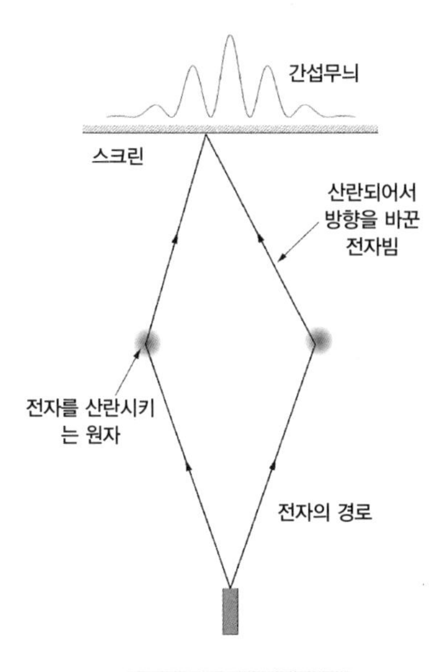

도판 3-1 • 이중 슬릿 실험

에 정지시키는 실험 기술) 등을 통해서 정지시킨 원자 2개를 이용해 전자빔을 산란하는 방법이 일반적으로 사용된다.

아직 빛이 파동인지 아닌지 의심하는 사람조차 적었던 19세기 초, 토머스 영은 이중 슬릿을 통과한 빛이 간섭무늬를 형성하는 것을 보여주며 '빛은 파동'임을 결정지었다. 간섭무늬는 둘로 나뉘었던 파동이 합류했을 때 서로 간섭하면서 생기는 것으로, 즉 파동의 증거가 된다. 이와 마찬가지로 전자빔도 간섭이 발생하는 이상 파동이라고 생각하는 것이 자연스럽다.

슈뢰딩거가 제창한 파동역학은 원자 내부에서 전자의 에너지가 이산적이 되는 이유를 설명할 수 있었다. 음극선 실험에 따르면, 원자에서 튀어나온 전자는 근사적으로 뉴턴역학을 따르는 입자로서 움직인다. 그러나 이중 슬릿 실험에서 볼 수 있듯이 원자 외부에서도 전자가 파동으로서 움직이는 경우가 있다.

전자가 보여주는 입자와 파동의 양면성을 적절히 양립시키는 편리한 이론은 없을까? 실은 그런 이론이 있다. 바로 파스쿠알 요르단이 고안한 양자장론이다. 최대한 간단하게 말하면, 전자는 '상황에 따라 입자처럼 움직일 때도 있는 파동'인 것이다.

양자론의 타깃이 '입자'에서 '장'으로

'전자는 파동이다'라는 슈뢰딩거의 명쾌한 아이디어를 사용할 수 없다면 '전자는 입자 같은 것이기도 하고 파동 같은 것이기도 하다'라는 직관적으로 이해하기 어려운 견해를 가져오는 수밖에 없다. 하이젠베르크 등은 그런 이해하기 어려운 전제에 입각해서 이론을 체계화해 현재의 양자론의 기초로 삼았다. 이 체계는 처음에 하이젠베르크 등이 '행렬'이라는 수학적 도구를 사용한 데서 '행렬역학'으로 불렸지만, 훗날 '양자역학'으로 불리게 된다.

하이젠베르크 등이 이론을 체계화할 때 채용한 수법은 '일단은 전자를 입자인 것처럼 다루고, 그런 다음에 불확정성원리를 적용한다'는 것이다. 뉴턴역학에서는 입자가 운동할 때의 위치와 운동량(속도와 질량의 곱)이 정의된다. 양자역학의 경우도 같은 형태로 전자의 위치와 운동량을 정의하지만 여기에 불확정성원리를 바탕으로 한 관계식을 적용한다.

불확정성원리란 전자의 위치와 운동량의 값은 확정되지 않으며, 그 불확정성은 상반 관계에 있다는 원리다. 상반 관계에 따라, 위치가 거의 확정되면 운동량이 큰 폭으로 불명확해지고, 반대로 운동량이 거의 확정되면 위치가 크게 불명확해진다. 값이 확정되지 않기 때문에 양자역학에서 전자의 위치와 운동량은 단순한 값이 아니라 특정한 성질을 지니는 것(전문용어로 '연산자'라고 부른다)이 된다. 이처럼 불확정성원리에 근거해 위치와 운동량을 다시 정의하는 것이 '양자화'다.

뉴턴역학을 양자화하면, 분명히 입자였을 터인 전자가 파동과 매우 흡사한 움직임을 보이게 된다. 움직임이 파동과 비슷하기 때문에 정상파의 아이디어를 사용해 슈뢰딩거가 구한 값과 같은 수소 원자의 에너지 값을 얻을 수 있다.

이처럼 하이젠베르크 등이 정식화(定式化)한 양자역학은 '일단 입자의 역학에서 출발한 다음 위치나 운동량 등의 역학적 물리량을 양자화한다'는 수법을 사용하므로 '입자의 양자론'이라고 불리는 것이 합당한 이론이다.

하이젠베르크 등의 이론 전개 방식은 구체적인 이미지를 제시하지 않고 수식의 관계에만 의존하는 탓에 이해하기가 굉장히 어렵다. 슈뢰딩거가 '전자는 파동이다'라는 자신의 주장을 철회한 탓에 전자는 입자이지만 위치가 특정되지 않고 마치 파동처럼 움직인다는, 도대체 무슨 말인지 알 수 없는 주장이 물리학의 기초로 여겨지게 되었다. 그리고 이 이해하기 어려운 이론은 오늘날까지 학습자들을 고민에 빠트리고 있다(이론을 구축한 순서는 하이젠베르크 등이 슈뢰딩거보다 먼저였다. 이와 관련된 역사는 제2부에서 설명하겠다).

그런데 하이젠베르크와 공동 연구를 한 적도 있는 요르단이 먼저 빛에 관해, 다음에는 전자에 관해 슈뢰딩거의 파동역학을 되살리는 새로운 견해를 제창했다. 전자(電子)의 예를 설명하면 다음과 같다. 요르단은 슈뢰딩거와 마찬가지로 전자의 파동을 물리적 실재로 가정했다. 다만 슈뢰딩거가 이 실재를 전자 그 자체라고 생각한 것과 달리 요르단은 완충 장치를 뒀다. 전자의 파동을 만들어 내는 것은 공간 내부에 널리 존재하는 '전자의 장(場)'이라고 가정한 것이다. 그리고 어떤 조건을 부과하면 전자의 장이 마치 입자처럼 움직이는 파동을 만들어 낸다. 이것이 요르단이 구상한 이론이다.

입자에서 출발하는 게 아니라 먼저 실체로서 존재하는 장을 가정한 다음 그것을 양자화하면서 입자적인 성질을 이끌어내기에 '장의 양자론', 즉 '양자장론'인 것이다.

'양자장론'은 어떤 이론일까?

19세기 사람들은 전기장이나 자기장이 공간에 가득 찬 에테르라는 물질의 상태를 나타낸다고 생각했다. 기체 분자가 이동해 밀도가 변화함으로써 음파가 발생하듯이, 에테르의 일부가 위치를 바꿔 내부에 일그러짐이 발생함으로써 전기장·자기장의 강도가 변화하여 파동이 되어서 전해진다고 생각한 것이다. 그러나 에테르가 공간 내부에서 위치를 바꿀 수 있다면 지상의 관측자는 지구의 공전에 동반되는 에테르의 흐름을 관측할 수 있어야 하는데, 그런 흐름은 보이지 않았다. 그래서 이 견해는 부정되고, 전자기장은 공간과 일체화되어 있으며 공간에 대해 이동하는 일은 없다는 생각이 자리 잡게 된다. 그렇다면 전자기장은 어디에 존재할까?

요르단은 전자기장(물리학적으로 정확히 말하면 전자기장의 기반이 되는 전자기 퍼텐셜)이 존재하는 곳은 인간이 가로·세로·높이의 3차원으로 인식하는 현실의 공간이 아니라 이론적으로 도입된 '전자기장 전용' 공간 내부라고 생각했다. 이 전자기장 전용 공간은 무수히 존재하며, 서로 연결되어서 네트워크를 구성한다. 그리고 이 네트워크의 기하학적인 구조가 인간이 현실에 존재한다고 인식하는(굳이 말하자면 착각하는) 가로·세로·높이의 3차원 공간인 것이다. 전자기장 전용 공간은 역학적인 의미에서 '좁다'.

그런 까닭에 전용 공간의 내부에서 전자기장이 진동하면 파동이 유한한 영역에 갇혔을 때처럼 정상파가 형성되어 에너지가 특정한 값으로 제한된다. 전자기장의 진동은 값이 확정되지 않음에 따라서 발생하는 현상으로, 양자론적인 요동이라고 할 수 있다. 그러나 입자의 양자론처럼 '입자임에도 위치가 확정되지 않는다' 같은 이해할 수 없는 주장이 아니라 '전자기장이 전용 공간 내부의 한 점에 수축되지 않고 다양한 값으로 퍼진다'라고 해석할 수 있다.

전용 공간 내부에서 발생하는 정상파는 3차원의 네트워크를 통해 서로 관계를 맺으며 전체적으로 3차원 공간에 전파되는 파동처럼 움직인다. 그 에너지는 정상파의 특징에 따라 특정한 값으로 제한되기 때문에 마치 에너지의 덩어리가 모여서 이동하는 것처럼 관측된다.

요르단보다 20년 이상 이전에 아인슈타인은 빛을 에너지의 덩어리가 모인 것으로 간주할 수 있음을 깨닫고 그 덩어리를 에너지양자 또는 광양자라고 불렀다. 즉 '양자'라는 표현의 기원은 아인슈타인이 쓴 용어다. 요르단의 이론은 아인슈타인의 에너지양자가 구체적으로 무엇인지를 밝혀낸 것이다.

요르단은 1926년부터 1928년에 걸쳐 공동 연구자를 바꿔가면서 장의 양자화를 깊게 연구했다. 특히 1927년에 오스카르 클라인과 실시한 공동 연구에서는 전자 같은 물질 입자도 장의 진동을 통해서 형성된 에너지양자로 해석할 수 있음을 발견했다. 최대한 단순화해서 설명하면, 전자의 파동은 슈뢰딩거가 생각했듯이 현실의 3차원 공간 내부에 퍼지는 것이 아니다. 전자기장과 마찬가지로 먼저 '전자의 장 전용'의 좁은 공간에서 정상파를 형성한다. 이 정상파는 좁은 공간 내부에서 특정 에너지를 갖는 공명 패턴을 보인다. 이 '특정 에너지를 갖는 패턴'이 전자의 장의 에너지양자다. 음극선 실험에서 입자처럼 움직인 것은 입자라는 실체를 가진 전자가 아니라 전자의 장에 정상파로서 생겨난 에너지양자다.

요르단과 공동 연구를 하면서 이 이론에 흥미를 느낀 볼프강 파울리는 1929년부터 1930년에 걸쳐 하이젠베르크와 함께 〈파동장의 양자역학〉이라는 장대한 논문을 발표했다. 이는 양자장론의 기초를 쌓은 논문이다.

전자에는 개성이 없다

양자장론에 따르면 모든 물리현상의 근간에는 장의 파동이 있다. 각각의 장에는 이른바 전용 공간이 있고, 그 내부에 장의 파동이 갇혀서 정상파를 만든다. 주위의 간섭 없이 고립된 파동의 경우 특정 에너지를 갖는 안정된 공명 패턴을 형성하는데, 이 안정된 패턴이 마치 입자인 것처럼 움직이게 된다.

양자장론을 사용하면 '왜 전자의 질량은 다 같은가?'를 이해할 수 있게 된다. 원자에서 볼 수 있는 동일성의 기원은 제2장에서 설명한 바 있다. 원자번호나 질량수가 같은 원자는 전부 에너지와 크기가 같은데, 그 이유는 어떤 원자에서든 동일한 패턴이 되는 정상파가 형성되기 때문이다. 이 정상파가 원자의 에너지나 크기를 결정한다.

양자장론에서는 이것을 그대로 전자에 적용할 수 있다. 전자는 동일한 물리법칙에 따라서 전자의 장이 만들어 내는 공명 패턴이기에 모두 같은 에너지를 가지며 같은 입자처럼 움직인다. 그리고 상대성이론에 따르면 어떤 영역의 내부에 갇힌 에너지는 외부에서 봤을 때 질량으로 관측되므로 전자의 질량은 전부 같아진다.

양자역학을 공부하기 시작한 학습자를 혼란에 빠트리는 성질 중 하나가 어떤 방법을 사용하더라도 전자를 구별할 수 없다는 것이다. 음극선 실험에서는 입자처럼 다룰 수 있는데 왜 전자에 자기동일성(self-identity)이 없는 것일까? 그 이유는 전자가 사실 입자가 아니라 파동의 한 형태에 불과하기 때문이다. 수면에 수많은 물결이 일고 때로는 바위에 부딪혀 물의 흐름이 갈라지거나 합류하는 강에서 각각의 물결에 번호를 지정하고 그 물결을 끝까지 추적하기란 매우 어려운 일이다. 물결 자체에는 개체성이 없으며 진동이 계속된다는 특징이 있을 뿐이다. 이와 마찬가지로 전자에도 개체성이나 자기동일성이 없다.

어떻게 해서 파동이 입자가 되는가?

양자장론에 근거해서 살펴보면 전자가 입자처럼 움직이기 위한 조건이 명확해진다. 전자의 장에 생기는 파동이 마치 입자처럼 움직이는 것은 주위에서의 작용이 약한 경우로 한정된다. 이 조건이 충족되면 특정한 에너지를 갖는 정상파가 안정되므로 질량이 일정한 전자가 운동한다고 가정해도 문제가 없다. 그러나 강한 작용이 가해지면 정상파가 흐트러져서 입자 하나가 운동하는 것처럼은 보이지 않게 된다.

음극선 실험에서 전자가 다른 물질과 상호작용하는 것은 스크린에 부딪혔을 때 같은 특정한 순간뿐이며, 그 밖에는 고립된 상태로 진행한다. 진공 속을 진행하는 과정에서는 주위에서의 작용이 약하기 때문에 전자가 입자와 같은 상태를 유지한다. 그러나 원자 내부에 들어가면 쿨롱 퍼텐셜을 통해서 항상 원자핵으로부터 작용이 가해지기 때문에 입자 같은 상태를 유지하지 못한다. 원자에 속박된 전자가 마치 녹아버린 듯 입자성을 잃는 것은 그 때문이다.

원자를 사용해서 전자를 산란시키는 이중 슬릿 실험의 경우 원자의 내부를 통과하는 전자가 운동 방향을 크게 바꾸기 때문에, 강한 작용이 가해졌다고 생각할 수 있다. 이런 작용이 가해지면 전자 전용 공간에 형성되어 있던 정상파가 흐트러지면서 입자성이 사라진다. 전자의 실체가 입자라면 스크린에 도달한 전자는 2개의 원자 중 어느 한쪽에 산란되었을 터다. 그러나 실제로는 산란되는 과정에서 입자처럼 자립적으로 움직이지 않고, 양쪽의 원자에서 전파되어 오는 파동의 성분이 스크린에 도달하기까지의 과정에 관여하기 때문에 전자가 어느 쪽 원자에 산란되었는지 확정할 수 없다(자세한 내용은 제8장에서 논하겠다).

주위에서 강한 작용을 받은 전자는 뉴턴역학에 따라 날아다니는 입자처럼 움직이지 못하는 것이다.

‘파동이면서 입자다’라는 모순

양자론에 관한 통속적인 해설서를 보면 빛이나 전자에 대해 ‘파동인 동시에 입자다’라고 기술하는 경우가 있다. 그러나 이 기술이 무엇을 의미하는지는 전문 물리학자를 포함해 그 누구도 알지 못한다. ‘양자론은 애초에 인간이 이해할 수 없는 것’이라는 견해도 있지만, 굳이 그렇게까지 철학적일 필요는 없다. 빛이나 전자는 파동이라고 잘라 말해도 상관없는 것이다.

빛이나 전자는 파동이기는 하지만 고립된 상태가 되면 입자처럼 움직인다. 이는 고립되어서 다른 무언가의 작용을 받지 않을 때는 안정된 공명 패턴의 정상파가 유지되고, 이 정상파를 입자처럼 다룰 수 있기 때문이다. 물리학 실험에서는 전자가 입자처럼 움직이도록 환경을 만드는 경우가 많다. 음극선 실험은 그 전형적인 예다. 전자는 약한 전자기장밖에 없는 진공 속을 길게 날아가며, 그사이 주위로부터의 작용을 거의 받지 않는 까닭에 마치 입자처럼 움직인다.

그러나 화학반응에서는 원자의 내부에서 전자가 쿨롱 퍼텐셜에 따른 작용을 받으며 이동하기 때문에 입자적인 성질을 거의 볼 수 없게 된다. 가령 유기화합물에 들어있는 벤젠고리의 경우, 육각형의 어디에 전자가 존재하는지 특정하기가 어렵다. 벤젠고리를 비롯해 공유결합으로 강하게 결합되어 있는 분자에서는 전자가 절대 입자처럼 움직이지 않으며, 그래서 결합이 유지되는 한 전자가 어디에 있는지 특정할 수 없다. 끊임없이 주위로부터 작용을 받는 전자는 안정된 정상파를 유지하지 못하기 때문이다.

즉 전자는 파동이다. 조건에 따라서 때때로 입자처럼 움직이는 경우가 있을 뿐이다.

불확정성원리란 무엇인가?

양자역학 교과서를 보면 앞부분에서 불확정성원리를 소개해 학습자를 혼란에 빠트리는 경우가 종종 있다. 그러나 전자가 파동임을 명심하면 이 '원리'를 그다지 진지하게 생각할 필요가 없음을 알게 될 것이다.

원자의 구조에서 가장 큰 수수께끼는 전자가 원자핵에 달라붙지 않는다는 것이다. 전자가 쿨롱의 법칙에 따라서 원자핵에 끌어당겨지고 뉴턴역학을 따르며 운동한다면 순식간에 원자핵에 달라붙어 떨어지지 않게 된다. 이렇게 되면 물질은 붕괴하고, 세상은 가스만이 떠도는 황량한 곳이 될 것이다.

하이젠베르크식 설명에 따르면 전자와 원자핵이 달라붙지 않는 것은 불확정성원리 때문이다. 통상적인 원자에서 원자핵은 전자의 범위에 비해 매우 작기 때문에 전자가 원자핵에 달라붙으면 위치가 거의 확정된 상태가 된다. 이렇게 되면 상반적으로 운동량의 불확정성이 거대해지기 때문에 운동량의 값이나 운동에너지가 커지고, 그런 까닭에 쿨롱 힘만으로는 전자의 위치를 좁은 범위에 제한할 수가 없어서 원자핵으로부터 멀어지고 만다. 그래서 결과적으로 전자는 원자핵에 달라붙을 수 없다는 이야기이다. 그러나 이 설명을 듣고 "아하, 그렇구나" 하고 이해하는 사람은 많지 않을 것이다.

반면에 전자는 입자가 아니라 파동이 입자처럼 움직이고 있는 것이라고 가정하면, 애초에 위치가 확정될 수 없으므로 설명이 더욱 직관적이게 된다. 단순히 '파동을 좁은 범위에 억지로 밀어 넣기는 어렵다'는 이야기가 되는 것이다. 쿨롱 퍼텐셜로 원자핵에 끌어당겨지는 작용을 받는다고 해도 파동이 원자핵의 위치까지 압축되는 일은 없으며 반드시 범위를 갖게 된다. 원자핵이 있는 지점에만 파동이 머물도록 하는 것이 오히려 어렵다.

양자장론에서의 불확정성원리는 위치와 운동량의 상반 관계가 아니다. 장의 강도와 그 시간 미분(단시간에 얼마나 변화하는가)의 상반 관계다. 입자의 양자론에서의 불확정성원리는 입자이면서도 위치를 확정할 수 없다는 이해하기 어려운 주장이었다. 그러나 양자장론에서는 장의 강도를 특정한 값으로 확정할 수 없다는 것이며, '전자 전용의 좁은 공간에 장의 값이 파동이 되어서 퍼져있다'라는 구체적인 이미지로 설명할 수 있다.

파동을 위해 준비된 공간

슈뢰딩거가 파동역학을 철회하기에 이른 이유는 두 가지다. 첫째는 이미 말했듯이 원자의 외부에서 날아다니는 전자의 움직임을 설명할 수 없었기 때문인데, 아마도 슈뢰딩거에게 더욱 심각했던 문제는 두 번째 수수께끼인 복수의 전자가 있을 때의 파동방정식의 형식이었을 것이다. 여기에서 문제가 되는 것은 전자가 어떤 공간에 존재하느냐다.

이해를 돕기 위해 그림으로 나타내 보겠다(도판 3-2, 다만 어디까지나 이미지일 뿐이며, 파형 등은 물리학적으로 정확하지 않다). 뉴턴역학 같은 '입자의 역학'에서는 하나의 3차원 공간 내부에 복수(도판에서는 2개)의 입자가 존재하고 각각의 입자가 힘을 받으면서 움직인다. 음극선 실험을 뉴턴역학으로 해석할 때도 같은 수법을 사용했다.

그런데 '입자의 양자론'에서는 전자가 2개 존재할 경우 각각의 전자마다 전용의 3차원 공간을 준비해야 한다. 전자의 위치는 불확정성원리 때문에 확정할 수 없어서 각각의 전용 공

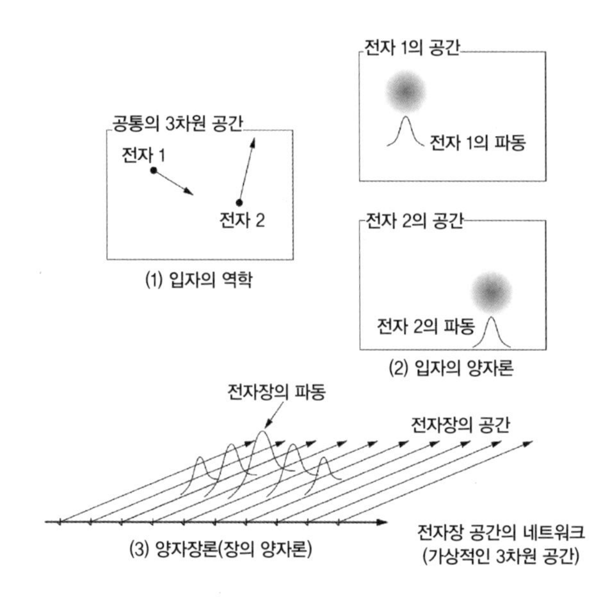

도판 3-2 • 전자의 파동이 생기는 공간

간 내부에 모호하게 퍼져있게 된다. 슈뢰딩거가 고안한 이론에서도 이와 마찬가지로 각 전자의 파동은 별개의 3차원 공간 속에서 이동한다(도판 3-2-(2)). 음파처럼 단일 매질의 내부에 여러 개의 파동이 있는 것이 아니라 전자의 수만큼 3차원 공간이 존재하며 각각의 내부에서 하나의 전자를 나타내는 파동이 일고 있다.

슈뢰딩거는 처음에 수소 원자처럼 전자가 하나만 들어있는 시스템을 고찰한 탓에 전자별로 다른 공간을 생각해야 한다는 수수께끼에는 주목하지 않았던 듯하다. 그러다 나중에 자신의 이론이 이런 기묘한 형식을 갖추고 있음을 깨닫고 전자는 파동이라는 파동역학에 대한 자신감을 잃어버린 것으로 생각된다.

그러나 양자장론에서는 공간을 바라보는 관점이 반전된다. 인간이 현실적이라고 생각하는 가로·세로·높이의 3차원 공간이야말로 오히려 가상적인 존재에 불과하며, 실제로 존재하는 것은 전자의 장 전용의 작은 공간이다. 내부에 아무것도 없는 공간으로 여겨졌던 3차원 공간은 사실 이 작은 공간들이 서로 연결되어 있는 3차원적인 네트워크를 의미한다.

도판 3-2-(3)에 나타나 있듯이 무수한 작은 전용 공간에 전자의 파동이 존재하면서 주위로부터의 작용이 약하면 정상파를 형성한다. 이런 작은 공간이 서로 연결되면서 각각의 정상파가 나열하고 협력하여 변동을 만드는데, 이것이 음극선 실험 등에서는 전자 1개의 움직임으로 관측되는 것이다.

슈뢰딩거가 이끌어 낸 파동함수는 이런 협조적인 변동을 근사적으로 나타냈다. 본래 전자의 장 전용 공간에서 일어나는 변동이기에 각 전자별로 개별적인 공간이 준비되어 있는 듯 기술된 것이다. 다만 양자장론처럼 '작은' 공간을 가정하지 않고 거대한 3차원 공간 속의 파동을 생각해 버린 탓에 시간이 흐르면 파동이 붕괴되어 퍼져나간다는 난점이 생겼다.

지금까지 양자장론에 관해 대략적으로 설명했는데, 솔직히 말하면 물리학적으로는 상당히 간략화한 설명이다. 전자 1개가 계속 1개임을 보증하려면 게이지 대칭성(전자의 장이 따르는 수학적인 제약)에 입각해 전자 수의 보존을 논해야 하며, 전자의 장이 가진 스피너 구조(4차원 시공의 기하학에 적합한 특수한 구조)에 관해 언급하지 않으면 왜 완전한 공유결합을 만드는 전자의 수가 2개인지를 알 수 없다. 독자 여러분은 일단 양자장론이 어떤 것인가를 어렴풋이나마 파악했으면 한다.

다만 이것만큼은 명심하기 바란다. 분명 양자장론은 지극히 난해한 까닭에 일반인은 물론이고 물리학자조차 전문 분야가 다르면 이해하는 데 어려움을 겪는 이론이다. 그러나 난해하다고는 해도 하이젠베르크 등의 양자역학(입자의 양자론)처럼 이해하기 불가능하지는 않다. '전자는 입자임에도 위치를 확정할 수 없다'거나 '자기동일성이 없다' 같은 의미 불명의 주장이 아니라 '전자는 파동이다. 다만 주위로부터의 작용이 약하면 입자처럼 움직이기도 한다'라는 일관성 있는 내용인 것이다.

양자장론에는 결함이 있었다

제2차 세계대전 전후 시기에는 양자장론에 관한 이해가 미숙했던 탓에 입자로도 파동으로도 해석할 수 있는 모호한 대상을 다루는 것이라고 생각하는 사람이 많았다. 또한 이러한 이해에 입각해 무언가를 계산하려고 해도 적분이 유한한 값이 되지 않아 답을 구할 수가 없었다. 파울리는 이런 어려움이 쉽게 해결할 수 있는 것이 아니라 이론의 본질적인 특성임을 간파했고, 그런 탓에 양자장론은 오랫동안 그다지 신용할 수 없는 양자론의 한 지류(支流)로 취급되었다.

그러나 전쟁이 끝나면서 그동안 군사 연구에 참여했던 과학자들이 순수하게 이론적인 연구에 복귀한 뒤로 상황에 변화가 나타나기 시작했고, 1960년대에 들어와서는 결정적인 진보를 이루게 되었다. 이 시기에 재규격화군이라는 수법이 탄생해 적분의 값을 유한하게 만들 수 있게 됐고, 양성자나 중성자의 구성 요소에 관한 연구가 진행되면서 소립자(전자나 광자, 쿼크, 글루온 등 온갖 물리현상의 근간에 있는 '무언가'를 가리키는 용어)를 기술할 때 양자장론을 사용할 수 있으리라는 기대감이 높아졌다.

그리고 1970년대가 되자 기대는 현실이 되었다. 이미 알려져 있는 소립자 현상 대부분을 양자장론으로 설명할 수 있다는 사실이 밝혀지면서 '소립자의 표준 모형'이 확립된 것이다. 따라서 이제는 양자론이라고 하면 양자장론을 가리킨다고 생각해도 무방하며, 양자론에 관한 난해한 설명은 대체로 과거의 것이 되었다고 할 수 있다.

이해하기 쉬운 양자론과 그 적

양자론의 본질은 '물리현상의 근간에는 아주 작은 파동이 존재한다'는 자연관이다. 이 파동은 작은 공간에 갇혀있으며, 그 결과 정상파를 형성한다. 원자나 분자, 결정에서 볼 수 있는 양자 효과는 이런 정상파의 영향이 표면화한 것이다. 기하학적인 질서를 지닌 정상파가 형성되어 물질에 크기와 형태가 생겨난다. 물 분자가 일정 각도로 연결된 것, 염화나트륨 결정에서 염소와 나트륨의 원자가 규칙적으로 나열된 것은 정상파가 형성되었기 때문이다.

양자 효과는 장이 만들어 낸 파동에서 기인한다. 온갖 물리현상의 근간에 파동이 존재한다는 이미지를 떠올릴 수 있으면 양자 효과가 생기는 메커니즘이 쉽게 이해될 것이다.

그런데 이런 '알기 쉬운 양자론'은 거의 보급되지 않은 상태다. '입자인 동시에 파동이다'라든가 '위치와 운동량이 확정되어 있지 않다' 같은 지독하게 난해하고 직관적으로 이해되지 않는 주장들이 지금도 활개를 치고 있다. 왜 이런 골치 아픈 일이 생겼을까?

지금까지 이야기했듯이 파동의 이미지에 입각해서 양자론

을 구축해 온 사람들은 아인슈타인과 슈뢰딩거, 요르단 등이다. 그러나 이들은 양자론의 연구사에서 굳이 따지자면 비주류에 위치하고 있다. 표준적인 양자론을 만든 물리학자로는 이 세 명보다도 닐스 보어, 베르너 하이젠베르크, 폴 디랙이 더 높게 평가받는다.

여기에서 문제는 보어를 비롯한 세 명의 학설이 아인슈타인 등의 주장에 비하면 비정상적일 만큼 이해하기 어렵다는 점이다. 깔끔하고 이해하기 쉽게 설명할 수 있음에도 보어 등의 난해한(아니, 좀 더 정확히는 이해가 불가능한) 학설이 표준적인 양자론으로 받아들여지고 있다. 이런 상황에 이른 배경에는 상당히 복잡한 역사적 사정이 자리하고 있다. 제2부에서는 이 사정에 관해 설명하도록 하겠다.

제2부

양자론의 두 계보

●●••

사람들은 종종 '역사는 승자의 기록이다'라고 말하는데, 이는 과학의 역사도 마찬가지다. 지금까지 집필되어 온 양자론의 역사는 전부 그 시점에 표준이라 여겨진 이론의 구축 과정을 중심에 뒀고, 그 결과 보어나 하이젠베르크 같은 이른바 양자역학의 성립에 기여한 물리학자만이 부각되었다. 그런데 이것이 과연 올바른 관점일까?

양자론은 1920년대에 만들어진 파동역학이나 행렬역학, 나아가서는 이 둘을 통합한 '양자역학'으로 완성된 것이 아니다. 그 후 수십 년에 걸쳐 지속적으로 '양자장론'의 정비가 계속되었다. 1970년대에는 소립자론의 분야에서 새로운 발견이 줄을 이으면서 '소립자의 표준 모형'이라고 불리는 체계가 만들어졌다. 이 표준 모형이 현시점에서 양자장론의 도달점이며,

1900년에 막스 플랑크가 발견한 이래 20세기 대부분의 기간 동안 조금씩 구축되어 온 양자론 연구를 일단락 짓는 것이었다. 참고로 '모형'이란 어떤 범위의 현상을 기술할 목적으로 이용되는 이론과 데이터의 세트를 가리키며, 영원한 진리가 아니라는 의미를 포함하고 있다. 4분의 3세기에 걸친 양자론의 변천을 넓은 시야로 바라보면, 보어나 하이젠베르크를 부각시키는 과학사가 사실은 상당히 편향된 시각으로 바라본 것임을 알 수 있다.

두 사람은 매우 철학적인 주장을 전개했고, 이것이 지적인 자극이 되어서 물리학계뿐만 아니라 다른 분야의 지식인들까지 논쟁에 끌어들였다. 그런 까닭에 양자론의 역사는 종종 보어나 하이젠베르크를 주인공으로 하는 논쟁의 이야기로 기술되어 왔다. 그러나 전기(前期) 양자론에서부터 소립자의 표준 모형에 이르는 장기적인 관점에서 바라보면 이런 논쟁은 단순한 역사 속 일화일 뿐이다. 양자론의 중심이 되는 줄기는 '물리현상의 근간에는 무엇이 있는가?'를 둘러싼 순수한 물리학적 탐구다.

제2부에서는 이런 탐구를 진행한 중심적인 연구자로서 아인슈타인과 슈뢰딩거, 요르단을 소개할 것이다. 그들은 현상과 합치하는 수식을 얻는 것에 만족하지 않고 진동이나 파동

같은 구체적인 이미지를 지도 원리로 삼아서 현상의 근간에 무엇이 숨어있는지를 고찰했다. 다만 순조롭게 물리학의 진보에 공헌할 수 있었던 것은 아니다. 아인슈타인은 광양자설을 제안했지만 양자화의 메커니즘을 해명하지 못했다. 슈뢰딩거는 지나친 자신감에서 확대해석한 파동 일원론을 전개했다가 하이젠베르크의 비판을 받았고, 요르단은 파동장의 이론에 내재한 결함을 극복하지 못했다. 요컨대 그들이 종종 정통적이지 않은 비주류 학자로 간주되는 것도 이유가 전혀 없지는 않다.

정통파로 여겨지는 사람들은 명확한 이미지에 근거하지 않고 종종 잘못된 논지를 밀어붙이면서도 이후 이론 발전에 공헌한 모형이나 계산 도구를 고안해 낸 물리학자다. 보어나 하이젠베르크, 그리고 소립자론의 도구가 되는 섭동론적 수법을 생각해 낸 디랙이 그 대표적인 인물일 것이다. 지금부터 양자론 연구의 두 계보를 대비적으로 살펴보겠다.

제4장

보어 vs 아인슈타인

교과서 속 과학사를 보면 양자론의 발전에서 아인슈타인이 담당한 역할과 관련해서 상당히 혹독한 평가를 내린다. '전기 양자론'이라고 불리는 초기 단계에서 중요한 공헌을 했지만 1920년대 중반 이후에 일어난 혁신적인 전개를 따라가지 못하고 새로운 이론을 무작정 비판하기만 한 고집 센 보수주의자로 전락했다는 평가다.

반면에 보어에 관해서는 양자역학이란 어떤 이론인가를 철학적인 관점에서 논했으며, 하이젠베르크 등 젊은 연구자의 리더로서 활약했다는 식으로 소개하는 경우가 많다.

그러나 실제로 두 사람의 논문을 읽어보면 그런 식으로 단순화할 수 없음을 알게 된다. 아인슈타인이 구체적인 이미지에 바탕을 두고 양자의 수수께끼에 도전한 데 비해, 보어는 다양한 수식을 짜깁기하면서 실험과 일치하는 이론을 모색했다. 진리를 탐구하는 자세에 큰 차이가 있었음을 느낄 수 있는 것이다. 다만 결과만을 보면 아인슈타인은 자신의 이미지를 이론화하는 데 실패했고 보어는 유용한 원자모형을 구축하는 데 성공한 까닭에 역사적 평가에서 차이가 생긴 듯하다.

제4장에서는 아인슈타인과 보어의 방법론의 차이에 주목할 것이다. 먼저 양자론의 출발점이 된 플랑크의 발견을 두고 두 사람이 어떻게 대응했는지를 살펴보자.

막스 플랑크, 에너지양자를 발견하다

양자론의 역사를 생각할 때 그 출발점에 위치시킬 수 있는 것은 플랑크의 에너지양자 발견이다.

서유럽 국가들에 비해 조금 늦게 식민지 쟁탈전에 뛰어들었던 프로이센은 19세기 후반부터 제철업에 힘을 주며 국력을 충실히 키우고 있었다. 제철 공정에서 중요한 것은 녹인 철광석의 온도 관리로, 적절한 타이밍에 불순물을 제거해 철을 정련해야 한다. 그러나 일반적인 온도계로는 녹은 철의 온도를 잴 수가 없었기 때문에, '온도가 낮으면 검붉은색이지만 고온이 되면 흰빛을 낸다'는 경험법칙에 근거해 숙련공이 눈으로 확인하면서 온도를 추측해야 했다.

그래서 프로이센은 물리학자들에게 고온의 철이 내는 빛을 계측해서 온도를 구하는 수법의 개발을 요청했다. 당시는 이미 루트비히 볼츠만 등이 고안한 통계역학을 통해 온도가 어떤 값일 때 에너지 분포는 어떻게 되는지에 관한 일반적인 규칙이 밝혀져 있었다. 따라서 이 규칙을 적용하면 그 온도일 때 전자기장에 공급되는 전체 에너지가, 진동수가 다른 빛에 어떤 비율로 분배되는지를 계산할 수 있다. 그리고 진동수는 빛의 색과 관계가 있으므로 온도와 색의 관계도 판명될 것이다.

물리학자들은 표면에서 빛을 반사하지 않는 '흑체'라는 가상의 물체를 가정하고, 어떤 온도일 때 각 진동수별로 어떤 강도의 빛이 복사되는지 연구했다. 그러나 관측되는 데이터와 일치하는 이론을 좀처럼 만들 수가 없었다.

19세기 말에는 반(半) 경험적인 논의를 바탕으로 진동수가 작은 쪽과 큰 쪽에서 각각 실험 데이터를 재현할 수 있는 두 종류의 수식이 만들어졌다. 그러나 양쪽 모두 진동수가 달라지면 데이터와의 괴리가 커졌다. 이 두 수식과 씨름하던 플랑크는 1900년에 둘을 적절히 짜깁기해 모든 진동수의 영역에서 데이터와 일치하는 수식(훗날 '플랑크 분포'라고 불리는 것)을 이끌어 냈다(도판 4-1, 진동수가 큰 영역에서 데이터와 일치하는 빈의 복사법칙과 작은 영역에서 일치하는 레일리-진스의 법칙을 연

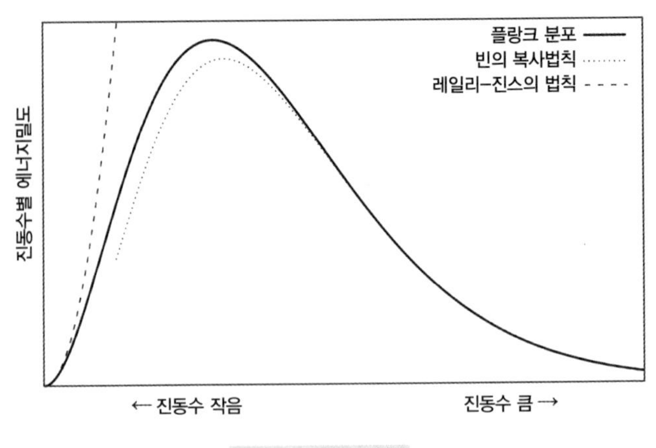

도판 4-1 · 플랑크 분포

결하는 것이 플랑크 분포이며, 좌표축의 스케일은 온도에 맞춰서 결정된다).

플랑크의 위대함은 지금부터다. 플랑크는 자신이 발견한 수식이 물리적으로 무엇을 의미하는지 곰곰이 생각한 끝에 결국 하나의 결론에 도달했다. 흑체가 전자기장과 에너지를 주고받을 때 진동수 ν인 빛과 'ν에 비례하는 에너지의 요소(Element)'를 주고받음을 통찰한 것이다(ν는 진동수를 나타내는 기호로 자주 사용되는 그리스 문자이며 '뉴'라고 발음한다). 비례계수는 당시 알려져 있었던 물리상수의 조합으로 표현되었지만, 현재는 이 비례계수를 보편적인 물리상수로 간주하고 '플랑크 상수'라고 부르며 기호 h로 나타낸다.

다만 플랑크는 큰 오해를 했다. 에너지가 hν라는 요소적인 양으로 제한되는 이유는 원자의 내부에 특수한 진동을 하는 무언가가 있기 때문이라고 생각한 것이다. 당시는 아직 원자핵이 발견되지 않았기 때문에 원자가 어떤 구조를 띠고 있는지 전혀 알지 못했다. 그랬던 만큼 '알 수 없는 움직임은 원자 내부의 미지의 영역에서 유래했을 것'이라는 플랑크의 발상은 어떤 의미에서 당연했다. 그리고 플랑크의 발상에 찬동한 수많은 물리학자가 원자 내부에 숨겨진 수수께끼 진동체의 정체를 밝혀내려 했다.

그런 상황에서 아인슈타인은 학계의 추세와 반대로, 플랑크의 발상은 잘못되었으며 '에너지가 특정한 값으로 제한되는 것은 전자기장의 성질에서 유래한다'는 내용의 논문을 발표했다.

아인슈타인이 일으킨 혁신

1905년의 논문에서 아인슈타인은 빛이란 무수한 에너지의 덩어리가 날아다니는 것이라고 주장했다. 논문의 표현에 따르면 "진동수가 일정한 빛은……, 열역학적으로는 크기가 '상수×진동수'[논문에는 구체적인 수식이 기재되어 있다]인 서로 독립된 에너지양으로 구성되도록 행동한다"는 것이다. 상수를 h, 진동수를 ν라고 적으면 '에너지양=hν'가 된다. 이것이 '아인슈타인 관계식'이다.

'에너지양'에 해당하는 것은 독일어 'Energiequanten'인데, 영어로는 'energy quanta'라고 한다. 'quanta(단수형은 quantum)'는 어감상 작은 양을 의미하므로 'a quantum of effort'라고 하면 '약간의 노력'이라는 뜻이다. 이 'quanta'를 '양자'라고 한 것은 상당히 적절한 번역이었다고 본다.

무언가에 '~자(子)'라는 접미사를 붙이면 하나로 합친 것을 나타낸다. 여담이지만 서양 과학 용어를 번역할 때 '~자'를 처음으로 사용한 것은 19세기 초 역학(力學) 교재를 번역하면서 작게 나뉜 물체의 한 조각을 나타내는 'corpuscle'을 '분자(分子)'라고 옮겼을 때였다고 한다. 이 용어는 훗날 'molecule'의 번역어로 정착했다.

아인슈타인의 논문 이후, hν라는 에너지 덩어리는 빛이든 아니든 상관없이 일반적으로 '에너지양자'라고 불리게 된다.

19세기 중반에 제임스 클러크 맥스웰은 전자기장의 진동이 파동으로서 일정한 속도로 전파됨을 이론적으로 이끌어 내고, 전파 속도가 이미 측정되어 있었던 광속과 일치한다는 사실에서 빛은 전자기장의 파동이라고 결론 내렸다. 맥스웰의 주장에 따르면 전자기장의 파동이 갖는 에너지는 진폭의 제곱에 비례한다.

일반적으로 생각하면 진폭은 임의의 값으로 정의할 수 있으므로 에너지는 어떤 값이든 취할 수 있을 터이다. 그런데 아인슈타인의 이론에 따르면 진동수가 ν인 빛이 갖는 에너지는 hν의 정수배로 한정된다. 강한 빛이란 커다란 진폭으로 진동하는 파동이 아니라 hν라는 에너지의 덩어리가 많이 존재하는 것인 셈이다. 아인슈타인은 이 덩어리를 '광양자'라고 불렀다.

빛은 기체 분자와 닮았다

19세기 후반의 독일에서는 빛의 열역학에 관한 연구가 진행되고 있었는데, 그중에서도 특출한 아이디어로 학계를 이끈 인물이 있었다. 바로 빌헬름 빈이다(도판 4-1에 나오는 '빈의 복사법칙'을 제창한 사람이다). 전자기 실험에서는 금속제 용기 속에 전자기파를 가두고 공진을 일으키는 공동 공진기(cavity resonator, 空洞共振器)가 자주 사용되는데, 빈은 이것을 열역학 장치로서 다루는 사고실험을 고안해 냈다.

내벽이 빛을 완전 반사하는 실린더에 전자기파를 가두고 거울로 만든 피스톤으로 눌렀을 때 전자기파의 진동수나 에너지는 어떻게 변화할까?(도판 4-2) 빈은 이런 사고실험을 통해서 빛의 열역학적인 관계식을 이끌어 냈는데, 유도된 관계식은 기체 분자가 열역학법칙에 따라 실린더 내부를 날아다닌다

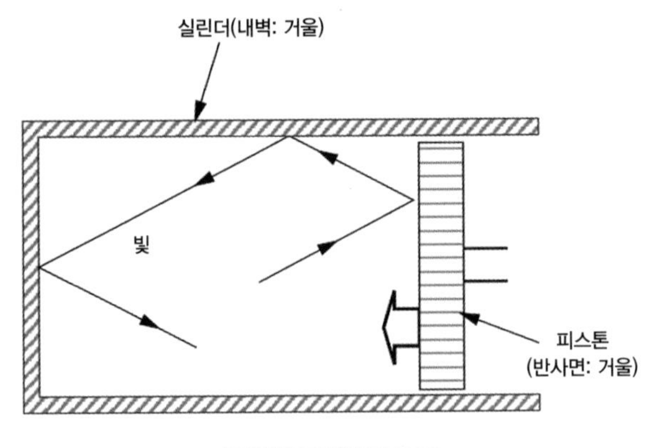

도판 4-2 • 빈의 사고실험

는 기체 분자 운동론의 식과 매우 유사했다. 아인슈타인은 바로 이 점에 주목했다.

아인슈타인은 본래 열역학·통계역학의 전문가로, 박사 학위를 받은 연구도 액체 속을 떠다니는 미세 입자가 브라운운동(용액의 분자가 충돌함으로써 발생하는 불규칙한 운동)을 통해 어떻게 확산되는지에 관한 것이었다. 빈이 사고실험을 통해서 이끌어 낸 빛에 관한 열역학적 관계식이 기체 분자가 가진 운동에너지를 빛의 진동수 ν와 상수의 곱으로 치환한 것이라는 사실이 분명 그에게 영감을 줬을 것이다.

아인슈타인의 이론은 에너지가 특정한 값으로 '양자화'하는 원인이 어디에 있는지를 명확히 했다. '흑체와 전자기장 사이에서 주고받는 에너지는 hν를 단위로 삼는다'는, 플랑크가 발견한 성질은 원자 속에 있는 정체를 알 수 없는 진동체가 아니라 전자기장의 특성에서 유래한다는 것이다.

다만 '전자기장은 연속적인 장이 아니라 입자의 모임이다'라는 해석은 채용하지 않았다. 이후의 소립자론에서는 광양자를 입자로 간주해 '광자(photon)'라고 부르는 경우가 많지만, 아인슈타인의 견해는 어디까지나 장의 진동에너지가 hν를 단위로 삼는다는 것이었다. 이는 아인슈타인이 고체의 비열(比熱)을 구할 때 광양자론에서와 같은 수법을 사용했다는 사실에서도 명확하게 드러난다. 다이아몬드 같은 결정의 비열은 열에너지를 공급했을 때 규칙적으로 나열된 원자가 어떻게 진동하느냐에 따라 결정된다. 1907년에 아인슈타인은 원자의 진동에너지가 빛과 마찬가지로 hν를 단위로 삼는다고 가정함으로써 이론적 예측과 실험 데이터 사이에 존재했던 괴리의 원인을 밝혀냈다.

전자기장과 결정 내부의 원자 모두 진동에너지가 hν의 정수배로 한정된다고 가정한 것으로 볼 때, 아인슈타인은 이 둘에서 발견되는 에너지의 양자화의 메커니즘이 동일하다고 간주한 것이 분명하다. 원자의 진동 자체는 명백히 입자가 아니므로 빛도 입자의 모임이라고는 생각할 수 없었을 것이다.

현재의 물성 이론(물질의 물리적 성질에 관해 다루는 이론)에서는, 에너지의 값이 hν로 양자화된 결정 내 원자의 진동을 '포논(phonon)'이라고 부른다. 포논은 고체 물성의 전형적인 양자 효과로, 극저온에서 전기저항이 제로가 되는 초전도 등 저온에서 발견되는 특징적인 현상과 밀접한 관계가 있다.

포논은 명백히 자립적인 입자가 아니지만, 에너지가 이산적인 값으로 제한되는 까닭에 이 진동이 결정 내부를 전파해 가는 과정에서 종종 입자처럼 움직인다. 이처럼 결정에서의 원자 진동이 마치 입자처럼 움직인다는 것은 뒤에 등장하는 양자장론을 이해하는 데 큰 참고가 된다.

실패한 이론으로 생각됐던 광양자론

전자기장의 특성에 의해 빛의 에너지가 양자화한다는 광양자론에 대해 처음에는 대부분의 물리학자가 부정적인 견해를 내비쳤다. 1913년 플랑크나 발터 네른스트처럼 영향력 있는 과학자들이 아인슈타인을 프로이센 과학 아카데미 회원으로 추천했을 때의 발언을 보면 아인슈타인조차 실수할 때가 있다는 예로 광양자 가설을 언급했다. 아인슈타인도 수많은 비판에 완전히 질려버렸는지 논문을 집필할 때 광양자의 아이디어를 강조하지 않았다. 이에 막스 폰 라우에, 로버트 밀리컨, 아르놀트 조머펠트 등 저명한 물리학자들은 아인슈타인이 광양자론을 철회한 것으로 착각하고 그 판단을 호의적으로 평가했다.

그런데 1910년대 후반에 들어와 빛의 전자기적 효과를 조사하는 실험의 정밀도가 높아지면서 분위기가 달라졌다. 여기에는 특히 밀리컨이 실시한 광전효과(금속에 빛을 조사하면 전자가 튀어나오는 현상)의 정밀 측정이 큰 역할을 했다. 그 결과 1920년을 전후한 시기에는 광양자론의 정당성이 거의 확실시되었고, 1921년 노벨 위원회는 상대성이론이나 브라운운동에 관한 이론이 아니라 광양자론에 대한 업적으로 아인슈타인에게 노벨물리학상을 수여했다.

다만 광양자론은 빛의 통계적인 성질을 기술하는 수법이지 에너지가 양자화하는 메커니즘을 해명하는 이론이 아니다. 아인슈타인 본인도 1951년에 친구인 미셸 베소에게 보낸 편지에서 “50년 동안 이리저리 생각해 봤지만 ‘광양자란 무엇인가?’라는 질문의 해답에는 조금도 다가가지 못했다네”라고 적었다. 아인슈타인을 대신해 광양자의 수수께끼를 푼 사람은 요르단 이후의 양자장론 연구자들이다.

아인슈타인은 1920년대 중반부터 중력과 전자기학을 통합하는 통일장이론에 몰두했으며, 양자장론에 관한 연구는 더 깊게 진행하지 않았다. 다만 양자장론이 현실적인 이론으로 빠르게 발전한 시기는 아인슈타인이 사망한 뒤인 1960~1970년대에 걸쳐서이므로 이런 무관심은 어쩔 수 없었다고도 할 수 있다.

양자장론에 직접 관여하지는 않았지만 아인슈타인이 양자론의 발전에 결정적인 역할을 했음은 분명하다. 아인슈타인은 흑체복사의 에너지가 hν를 단위로 삼는 원인이 원자 속에 숨겨진 정체를 알 수 없는 진동체가 아니라 전자기장 자체임을 간파했고, 나아가 이런 전자기장의 움직임은 결정 내 전자의 진동과 같은 수법으로 다룰 수 있음을 통찰했다. 실험 데이터가 극히 적었던 시기에 이미 본질을 파악하고 있었던 것이다.

보어가 궁리 끝에 만들어 낸 원자모형

아인슈타인이 현상의 근간에 있는 본질을 탐구한 데 비해, 보어는 현상과 합치하는 수식을 찾아내는 데 힘을 쏟았다. 이 점을 알 수 있는 가장 확실한 증거가 원자모형 이론이다.

1910년의 말엽에는 원자가 원자핵과 전자로 구성되어 있음을 보여주는 실험 결과를 얻을 수 있었지만, 무거운 원자핵 주위를 가벼운 전자가 원형의 궤도를 그리면서 돌고 있다는 태양계형 원자모형이 가능한지에 관해서는 이전부터 검토되고 있었다. 그리고 그 답은 조금만 계산해 보면 금방 얻을 수 있었다. 그런 원자모형은 불가능하다.

전자가 원자핵 주위를 돌면 전자기장이 주기적으로 흔들리기 때문에 그 진동이 전자기파가 되어 주위에 방사된다. 그리고 이 방사는 전자가 가진 에너지를 가져간다. 인공위성은 대기와의 마찰로 에너지를 잃으면 지표면으로 낙하하는데, 전자도 이와 마찬가지로 원자핵을 향해 낙하한 뒤 표면에 달라붙어 떨어지지 않게 된다. 그것도 문자 그대로 순식간에 낙하하기 때문에 크기를 가진 물체는 존재할 수 없다.

원자의 구조를 밝혀내려 했던 보어는 전자가 원자핵을 향해 떨어지지 않도록 해주는 메커니즘으로 플랑크의 이론을 응용할 수 있을 것 같다고 생각했다. 플랑크는 원자 내부에 있는 진동체가 진동수 ν로 진동할 때 에너지가 hν의 덩어리가 되는 전자기파밖에 복사하지 못한다고 주장했다. 이에 대해 보어는 원자의 내부에 진동체는 존재하지 않으며 원자핵 주위를 도는 전자의 운동이 전자기파의 진동수를 결정한다고 생각했다. 방사되는 전자기파의 진동수는 전자의 1초당 회전수와 같다고 가정했는데, 전자기파의 에너지가 플랑크의 관계식을 충족하도록 제한되는 까닭에 원자가 붕괴되지 않는다고 추측한 것이다.[1]

구체적으로 설명하면 다음과 같다. 보어는 먼저 전자가 전자기파를 방사하지 않고 원자핵 주위를 원운동한다는 가정 아래 뉴턴의 운동방정식을 세웠다. 그리고 떨어져 있던 전자와 원자핵이 접근해 원자가 형성될 때는 플랑크의 관계식이 나타내듯이 hν의 n배의 에너지를 전자기파로 방출한다고 생각했다. 그 과정에서 잃은 에너지 nhν는 1초당 회전수가 ν인 전자의 속박 에너지와 같다는 조건식을 뒀다. 이 조건식을 운동방정식과 연립시키면 정수 n이 포함되는 탓에 궤도 반지름이나 속박 에너지가 이산적인 값이 된다. 따라서 궤도 반지름이 연속적으로 감소해서 전자가 원자핵을 향해 떨어지는 일은 일어나지 않게 된다. 이것이 보어의 아이디어였던 듯하다.

그런데 이 아이디어에 입각해서 실제로 계산해 보니 계산으로 얻은 속박 에너지가 실험 데이터와 일치하지 않았다. 보어가 남긴 당시의 연구 노트에는 여러 가지 수치를 대입하면서 올바른 식을 모색한 흔적이 남아있다. 최종적으로는 상당히 궁색한 핑계를 대면서 "속박 에너지는 nhν가 아니라 그 2분의 1과 같다"라고 조건을 변경한 결과, 마침내 실험 데이터와 정확히 일치하는 수치를 얻을 수 있었다. 이렇게 해서 만들어진 것이 1913년에 발표된 원자모형, 이른바 '보어 모형'이다.

이론의 짜깁기

다시 한번 강조하지만, '원자핵 주위를 1초 동안 ν회 도는 전자로부터의 복사가 진동수 ν인 빛에 관한 플랑크의 관계를 충족시킨다'는 보어의 가정은 현재 물리학의 관점에서 보면 터무니없는 이야기다. 원자 내부에 진동수 ν인 진동체가 있다는 플랑크의 주장도 틀렸다. 옳은 것은 '에너지가 hν의 덩어리가 되는 것은 전자기장의 특성'이라는 아인슈타인의 광양자론이었다.

다만 보어가 원자에 관해 연구했던 1912~1913년경에는 '광양자론은 완전히 틀렸으며, 주고받는 에너지의 단위가 hν인 원인은 전자기파를 방출하는 원자 쪽에 있다'라는 것이 학계의 통설이었다. 플랑크와 보어의 오해는 그저 과학의 역사 속에서 흔하게 발생했던 실수의 한 예일 뿐, 결코 비판받을 일이 아니다.

전자의 속박 에너지가 nhν의 2분의 1배가 된다는 보어의 핑계 섞인 설명도 물리학적으로는 옳지 않다. 그러나 2분의 1이라는 계수를 붙인 덕분에, 이 조건식과 뉴턴의 운동방정식을 연립시키면 우연히도 각운동량(회전의 기세를 나타내는 물리량)이 h를 원주율의 2배로 나눈 값의 정수배와 같아지는 결과를 얻을 수 있었다. 그리고 이 결과를 조머펠트가 일반화한 것이 이후 양자론 연구의 초석이 되고 하이젠베르크 등이 행렬역학을 구축할 수 있게 한 '보어-조머펠트 양자 조건'이다. 여기에 드 브로이의 물질파 이론을 대입하면, 원운동을 하는 전자의 궤도 길이가 파장의 정수배와 같아져 원자 내부에서 정상파가 만들어진다는 슈뢰딩거의 주장과 일치한다.

'잘못된 가설에서 도출된 조건식이 우연히 양자론의 핵심을 찔렀다'는 행운 덕분에 보어 모형은 양자론의 발전에 중요한 역할을 하게 된다. 그 역사적 가치는 분명히 인정받아야 한다. 문제는 보어가 원자모형을 만들 때 자신이 채용한 방식을 물리학 연구의 유용한 규범으로 간주했다는 것이다.

보어의 원자모형은 '전자가 뉴턴역학을 따르며 원자핵의 주위를 돈다'는 고전론과 '전자의 속박 에너지가 이산적이 된다는 조건을 근거의 제시 없이 부과한다'는 양자론을 조합함으로써 만들어졌다. '이질적인 이론을 억지로 연결시켰더니 올바른 결과를 얻었다'는 성공 체험은 보어에게 강렬한 인상을 줬을 것이다. 보어는 원자 물리에 관해 '인간이 이해할 수 있는 형식으로 일관된 이론을 만들기는 불가능하며, 서로 융합되지 않을 것처럼 보이는 몇 가지 가정이나 조건을 조각보처럼 짜깁기해야 한다'고 생각하게 된다. 이처럼 이질적인 내용의 설명을 상보적으로 조합할 필요가 있다는 주장이 '상보성원리'다.

보어는 1927년에 양자역학의 선언문으로 여겨지는 강연(개최된 지역의 명칭을 따서 '코모 강연'으로 불린다)을 했고, 그 자리에서 상보성원리의 아이디어를 제창했다. 이 강연은 양자론 연구에 착수할지 말지 망설이고 있었던 물리학자들에게 큰 영향을 끼쳤다고 알려진다.

빛을 예로 들어서 설명해 보겠다. 고전론에서 빛은 전자기장의 파동일 뿐이지만 양자론에서는 광양자라는 에너지의 덩어리가 기체 분자 운동론에서의 분자처럼 움직인다. 빛은 파동일까, 입자일까? 주장이 명확하지 않은 이론은 내부 모순을 안고 있는 듯이 보이기에 과연 연구할 가치가 있는지 의문스럽게 느끼는 사람도 많을 것이다. 이에 대해 보어는 언뜻 모순되는 주장을 내포하는 것이 원자 물리를 다루는 이론의 특질이라고 설득했다.

상보성원리는 인간의 지적 능력에 넘을 수 없는 한계가 있음을 암시한다. 지적 능력의 한계가 어디냐는, 18세기의 철학자인 이마누엘 칸트 이래 독일 관념론의 중요한 논점이었다. 철학에 깊은 관심이 있었던 하이젠베르크도 보어의 주장에 영향을 받아 양자역학에서의 물리량의 의미에 대해 독자적인 철학적 해석을 하게 된다.

그러나 상보성원리라는 생각에 격렬히 반발한 사람이 있었다. 바로 아인슈타인이다.

보어-아인슈타인 논쟁

아인슈타인은 현상의 배후에 정합적인 물리법칙이 존재한다고 믿었기에, 보어처럼 상반되는 주장의 짜깁기 같은 이론을 용인할 수가 없었다. 이런 방법론의 차이가 1920년대부터 1940년대에 이르기까지 두 사람 사이에서 때때로 논쟁이 반복되는 원인이 된 것으로 보인다.

보어와 아인슈타인의 논쟁 중 가장 유명한 것은 1927년에 열린 제5회 솔베이 회의에서 벌어진 논쟁이다. 하지만 이것은 이른바 '관측 문제'에 관한 내용이므로 제8장에서 다루도록 하겠다. 그 대신 여기에서는 제6회 솔베이 회의(1930)에서 벌어진 논쟁에 주목한다.

논점이 된 것은 불확정성원리의 '보편성'이었다. 불확정성원리란 전자 등 원자론에서 다뤄지는 입자의 경우 위치와 운동량을 확정할 수 없으며 그 불확정성이 상반적이라는 내용이다. 아인슈타인은 위치와 운동량을 확정할 수 없게 될 가능성은 인정했지만, 그것은 어디까지나 현상을 근사적으로 기술했을 경우에 나타나는 특징이며 근원적인 이론을 사용하면 불확정성은 소실된다고 생각했던 듯하다.

1930년의 논쟁에서 아인슈타인은 위치와 운동량에 관한 불확정성원리는 상대성원리에 위배되기 때문에 보편적인 원리가 아니라고 지적했다. 상대성원리는 온갖 물리현상의 기틀이 되는 시간과 공간의 형식을 결정한다. 만약 불확정성원리가 보편적인 원리라면 시간과 공간을 한데 묶는 상대성원리를 따를 터이다. 시간과 공간을 결합해서 다루는 입장에서는 시간적 물리량인 에너지와 공간적 물리량인 운동량이 한 세트가 된다. 그렇다면 양자론 또한 공간적인 위치와 운동량 사이뿐만 아니라 시간적인 위치와 에너지 사이에도 불확정성원리가 성립해야 한다.

입자는 시간 방향에 연속적으로 존재하므로 시간적인 위치를 정의하는 것은 불가능할 테지만, 억지로 끼워 맞춘다면 어떤 사건 또는 현상이 일어나는 시각이라고 생각할 수 없는 것도 아니다. 만약 양자론의 불확정성원리가 보편적 원리라는 주장을 밀어붙이려면 어떤 사건 또는 현상이 일어나는 시각과 그 사건 또는 현상에 관련된 에너지는 양쪽 모두 확정할 수 없게 되며, 그 불확정성 사이에는 위치와 운동량의 경우와 같은 관계식이 성립한다고 생각해야 한다.

보어는 상보성의 관점에 근거하여, 양자론에서 다루는 전자나 광자 등은 입자성과 파동성을 겸비하지만, 입자와도 다르고 파동과도 다른 이해할 수 없는 것으로 생각하고 있었다. 따라서 체계적인 이론이 아니라, 운동량과 에너지가 세트를 이루는 물리량이라는 단편적인 지식을 바탕으로 에너지와 시각 사이에 불확정성원리가 성립한다고 생각한 듯하다. 이에 대해 아인슈타인은 사건 또는 현상이 일어나는 시각과 에너지 사이의 불확정성이 존재하지 않음을 구체적인 사례를 통해 제시하려고 시도했다.

논쟁의 승자는 누구?

아인슈타인이 채용한 사례는 광자 상자를 사용한 사고실험이었다. 이 사고실험에서는 실린더 내부에 있는 기체에서 분자 1개를 꺼내는 것과 마찬가지로 다수의 광자가 들어있는 실린더의 셔터를 여닫아 광자를 꺼냈을 경우 광자의 에너지와 셔터의 개폐 시각 사이에 불확정성원리가 성립하는지를 문제로 삼는다. 다만 광자의 에너지를 어떻게 측정할지 등 이론적으로 모호한 부분이 남기 때문에 논쟁이 복잡해졌다.

이 책에서는 아인슈타인의 사고실험 대신 실질적으로 광자 상자와 같은 실험으로, 당시는 아직 이론이 미숙했던 탓에 고려되지 않았던 핵반응을 생각해 보도록 하겠다(도판 4-3). 가령 라듐 원자핵은 반감기 1,600년으로 알파붕괴를 일으켜 알파입자를 방출하고 라돈 원자핵으로 변화한다. 이때 알파붕괴가 일어난 시각과 알파입자가 갖는 에너지가 불확정성원리를 충족시키는가 하면, 그렇지는 않다. 원자핵의 질량은 물리상수로 정해져 있기 때문에, 붕괴될 때 알파입자에 주어지는 에너지는 라듐 원자핵의 운동에서 기인하는 약간의 불확정성과 상관없이 결정할 수 있다.

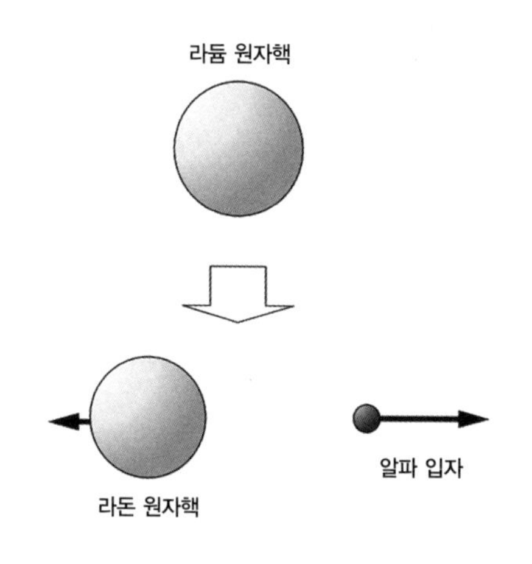

도판 4-3 • 라듐의 알파붕괴

한편 알파붕괴가 일어난 시각은 각종 센서를 사용해 정밀하게 측정할 수 있다. 에너지의 불확정성과 관계있는 것은 반감기의 길이이며, 알파붕괴가 언제 일어났느냐 하는 것은 시각의 불확정성이 아니다.

광자 상자라는 기묘한 실험 장치를 가정한 탓에 이해하기가 어려워졌지만, 핵반응으로 치환해서 생각해 보면 명백해지듯이 아인슈타인의 주장 자체에는 이상한 점이 없다. 위치와 운동량의 불확정성원리를 상대론적으로 확장하기는 불가능하며, 시각과 에너지의 불확정성원리는 존재하지 않는다(매우 유사한 식이라면 있지만, 원리는 아니다).

사실 입자의 양자론인 양자역학은 애초에 상대성이론을 따르지 않는다. 양자역학은 어디까지나 더욱 근원적인 이론인 양자장론의 비상대론적인 근사(近似)에 불과하다. 양자장론에서는 (제6장에서 보여주듯이) 장이 물리현상을 담당하는 실체이며, 상대론적인 불확정성원리는 장의 강도와 그 변화율 사이의 관계로 고쳐 읽을 수 있다.

논쟁이 벌어졌던 시점에는 이미 요르단이나 파울리가 양자장론을 구축하고 있었지만, 아인슈타인뿐만 아니라 보어도 이 이론을 잘 알지 못했다. 그런 탓도 있어서 보어는 아인슈타인의 정당한 비판을 이해 곤란한 주장으로 논박했다. 보어의 논법은 그가 원자모형을 만들었을 때의 방식과 매우 유사했다. 자신이 옳다고 믿는 결론에 도달하고자 머릿속에 떠오른 식을 이리저리 조합해 써먹을 수 있을 법한 식을 찾은 것이다. 이

때 보어가 이용한 것은 일반상대성이론에 바탕을 둔 수식이었다. 그것도 이론의 기반이 되는 아인슈타인 방정식에서 연역적으로 도출한 것이 아니라 기묘한 사고실험에 입각한 우회적인 논법을 통해 억지로 이끌어 낸 괴상한 식이었다. 일반상대성이론의 방정식은 복잡해서 전문가조차도 그것이 옳은지 그른지 금방 파악하지 못한다. 그래서 이때 아인슈타인도 보어의 주장에 즉시 반론할 수 없었을 것이다. 어쩌면 어떤 논법을 사용해서라도 상대방을 굴복시키려는 태도에 '못해 먹겠다'고 느꼈을지도 모른다.

아인슈타인이 논쟁을 포기했기에 보어는 훗날 당시를 회상하면서 그 자신이 승리한 것처럼 말했다. 그러나 보어가 제시한 논거는 현재의 물리학적 관점에서 봤을 때 도저히 정당하다고 말하기 어렵다. 오늘날 보어-아인슈타인 논쟁으로 이야기되는 일련의 사건에 관한 기술은 보어 쪽의 증언에 기반을 둔 탓에 혁신적인 보어 진영이 보수적인 아인슈타인에게 승리했다는 식이 많다. 그러나 논쟁의 내용을 물리학적으로 검토하면 오히려 아인슈타인 쪽의 손을 들어주고 싶어진다.

상보성원리로 대표되는 보어의 방법론은 20세기 중엽까지 양자론을 이해하는 데 필수적인 철학적 기반으로 간주되었다. 그러나 지금은 역사적인 유물로 멀리하는 편이 무난할 것이다.

제5장

하이젠베르크 vs 슈뢰딩거

1900년에 플랑크는 고온의 물체와 전자기장이 상호작용할 때 주고받는 에너지가 hν의 정수배로 양자화한다는 사실을 발견했다. 아인슈타인은 이 양자화가 전자기장의 특성에서 유래함을 (올바르게) 통찰했지만 그 메커니즘을 해명하지는 못했기 때문에, 1920년대에 일어난 이론의 빠른 전개에는 큰 역할을 하지 못했다. 한편 보어는 플랑크가 얻은 관계식을 (옳지 않게) 원자에너지의 도출에 적용했는데, 운 좋게도 양자 조건으로 올바른 식을 이끌어 낼 수 있었다. 그 결과 보어가 고안한 모델을 기반으로 원자구조를 해명하려는 연구가 활발해졌고, 물리학계는 양자역학이라는 새로운 학문 체계의 구축을 향해 나아가게 된다.

슈뢰딩거와 하이젠베르크는 둘 다 양자역학을 구축한 인물로서 널리 알려져 있다. 논문을 제출한 것은 하이젠베르크 쪽이 빨랐으나 각자 독립적으로 자신의 이론에 도달했다고 할 수 있다. 두 사람이 만들어 낸 이론은 수식만을 보면 표현 방법이 다르기는 해도 동일한 계산 결과를 준다는 의미에서는 등가(等價)였다. 그러나 수식의 해석에 관해서는 두 사람의 태도가 전혀 달랐기에 연구의 방법론은 정반대였다고 할 수 있다.

슈뢰딩거는 정전하를 가진 원자핵과 음전하를 가진 복수의 전자라는, 뉴턴역학에서는 절대 안정된 상태에 도달할 수 없을 터인 시스템이 왜 붕괴되지 않는 원자를 형성할 수 있는지 그 이유를 직관적으로 설명할 수 있는 이론을 탐구했다. 그 결과 얻은 것이 '원자 내부에 정상파가 형성된다'는 명확한 물리적 이미지에 입각한 파동역학이다.

다만 자신이 얻은 파동방정식의 해가 전자 자체를 나타낸다는 (잘못된) 주장을 한 탓에 하이젠베르크의 비판을 받고 의견을 철회해야 했다. 결국 슈뢰딩거는 파동방정식이란 '어떤 지점에 전자가 존재할 확률을 계산하는 식'이라고 결론짓게 된다.

한편 보어의 영향을 강하게 받은 하이젠베르크는 직관적인 이미지에 의지하지 않고 수식을 조합하면서 새로운 방향성을 모색했다. 결국 행렬역학이라는 형태로 결실을 맺게 되는 하이젠베르크의 연구는 막스 보른, 에른스트 파스쿠알 요르단과의 공동 작업을 통해서 진행되었다. 그런데 이 두 사람이 전문가가 아닌 사람들을 향해서 적극적으로 발언하지 않은 데다 1932년에 하이젠베르크만 노벨상을 받기도 한 탓에, 일반적으로 조금 특이한 하이젠베르크의 견해가 행렬역학의 정통적 해석으로 간주되었다.

구체적인 이미지를 중시한 슈뢰딩거와 달리 하이젠베르크는 전자의 실체가 무엇인가를 논의하는 일은 물리학적으로 무의미하며, 이론에서는 관측 결과만을 다뤄야 한다고 생각했다. 그리고 행렬역학의 방정식은 어떤 측정을 했을 때 특정한 결과를 얻을 확률을 구하기 위한 것이라고 해석했다. 이 해석은 자신의 의견을 철회한 후의 슈뢰딩거의 생각과 비슷하지만, 관측되기 전까지 어떤 상태에 있었는지는 원리적으로 기술이 불가능하다고 주장한 점에서 차이가 난다. 하이젠베르크는 '현상의 근간에는 사실 무엇이 있는가?' 혹은 '물리적인 실재란 무엇인가?'에 관해 이야기하기를 일관되게 거부했다.

제5장에서는 주로 하이젠베르크와 슈뢰딩거의 방법론의 차이를 소개하려 한다. 파동역학의 결점을 극복하려는 요르단과 파울리의 시도는 제6장에서 다루겠다.

새로운 역학을 모색한 보른

보어의 원자모형은 양자론 연구자들에게 지침을 줬다는 점에서 의미가 있었지만, 논문에 기술된 내용을 그대로 받아들이는 물리학자는 그리 많지 않았다. 특히 평소에는 전자기파의 영향을 받지 않고 쿨롱 힘에 끌어당겨져 원운동만 하다가 때때로 플랑크의 법칙을 충족시키듯 전자기파를 흡수·방출하여 다른 에너지 상태로 '비약'한다는, 이해할 수 없는 전자의 움직임은 어떤 형태로든 수정해야 하는 것으로 생각되었다.

막스 보른은 이 방향으로 연구를 했던 물리학자 중 한 명이다. 보른은 '전자는 원궤도를 그린다' 같은 구체적인 운동을 가정하면, 관측되는 현상을 일관된 형태로 설명할 수 없다는 것을 알았다. 그래서 원과 같은 궤도를 지정하지 않고 '상태'라는 개념을 사용하기로 했다. 실험 데이터에 따르면 수소 원자가 갖는 에너지는 최저 에너지 $-E$를 어떤 정수 n의 제곱으로 나눈 값이 된다. 원자의 상태를 이 정수 n으로 지정할 수 있다고 가정하고, n을 '양자수'라고 부르기로 하자. 전자기파가 흡수·방출되는 과정은 양자수 n의 상태에서 다른 양자수 n'의 상태로 전이하는 것이라고 생각할 수 있다. 보른이 추구한 주제는 이 상태 전이가 어떤 빈도로 발생하는지를 구하는 것이었다.

전이를 계산하는 방법을 집중적으로 연구한 보른은 1924년

그때까지의 성과를 정리한 〈양자역학에 관하여〉라는 논문('양자역학'이라는 용어가 처음으로 사용된 문헌)을 발표했는데, 이때 자잘한 계산을 도운 사람이 전해 가을에 조수로 채용된 하이젠베르크였다.[2] 보른은 젊은 연구자와 적극적으로 교류하는 유형의 학자로, 파울리나 요르단도 보른과 토론하거나 공저 논문을 집필하면서 재능을 갈고닦았다.

보른과의 공동 연구를 통해 이 분야에 깊게 발을 들여놓은 하이젠베르크는 생각을 깊게 하는 사이에 어떤 사실을 깨달았다. 상태 전이의 계산에 물리량의 곱이 포함될 경우, 양자수에 관한 합을 취하는 특수한 계산 규칙이 필요해진 것이다. 그러나 여기에서 더는 발전시키지 못하고 몇 가지 복잡한 식을 구했을 뿐 도중에 내팽개치듯이 논문을 마무리했다.

"출판할 가치가 있는지 검토해 주셨으면 합니다"라는 부탁과 함께 논문의 원고를 받은 보른은 며칠에 걸쳐 원고를 정독한 뒤 그 안에 본질적인 무언가가 숨어있음을 감지했다. 그래서 출판 절차를 진행하는 동시에 아인슈타인에게 "하이젠베르크의 새로운 발견은 신비스럽게 보이지만 올바르며 깊이가 있습니다"라는 내용의 편지를 보냈고, 밤낮으로 생각을 거듭한 끝에 하이젠베르크가 사용한 계산 규칙이 학창 시절에 배운 행렬 계산(수를 가로·세로로 나열한 '행렬'의 합이나 곱을 구하는 방법)과 같음을 깨달았다. 행렬을 사용하면 복잡했던 수식군(群)이 아주 보기 좋게 정리된다. 그래서 보른은 보어-조머펠트 양자 조건을 염두에 두고 전자의 위치와 운동량의 곱에 행렬의 계산 규칙을 적용해 봤다. 그랬더니 매우 간단한 관계식으로 정리되었다. 이것이 '교환관계'라고 부르는 식으로, 수식을 이용한 불확정성원리의 표현이다.

이론을 더욱 심화시켜야 한다고 느낀 보른은 먼저 과거 조수였던 파울리에게 공동 연구를 제안했으나, 파울리는 수식 장난질이라고 생각했는지 매몰차게 거절했다. 그래서 우수한 학생이었던 요르단의 협력을 얻어 둘이서 행렬의 수법을 사용해 이론을 수학적으로 다듬은 뒤 1925년에 공동 논문으로 발표했다. 이 논문에서 두 사람은 교환관계를 엄밀하게 정식화했을 뿐만 아니라, 위치나 운동량의 시간 변화를 나타내는 방정식(훗날 어째서인지 하이젠베르크 방정식으로 불리게 되는)을 이끌어 내 행렬역학의 기틀을 마련했다. 교환관계와 하이젠베르크 방정식을 하이젠베르크가 발견한 것처럼 이야기하는 경우가 있지만, 실제로는 보른과 요르단이 발견해 두 사람의 공동 논문에서 발표한 것이다.

급진적인 하이젠베르크

당시 보른이 재직했던 괴팅겐에서 멀리 떨어져 있었던 하이젠베르크는 요르단이 보낸 편지를 읽고 연구 성과를 알게 되었다. 그는 주로 편지 왕래를 통해 독자적인 연구 내용을 보른과 요르단에게 전했고, 최종적으로는 세 명의 이름으로 장대한 논문이 발표되었다. 행렬역학의 형식은 이 논문을 통해서 완성되었다고 할 수 있다. 다만 세 사람 사이에 물리학적인 견해가 일치했다고는 말하기 어렵다.

상태 간 전이의 계산으로 이론의 목표를 좁혔던 보른의 수법은 현 상황에서는 전자의 궤도를 확정할 수 없다는 부정적인 상황 인식에 입각한 것으로, '일단은 할 수 있는 것을 하기' 위한 방책이었다고 생각된다. 너무 대담한 제언은 하지 않고 알 수 있는 범위에서 꾸준히 수식을 세워나가는 방식으로, 성실하지만 혁신성은 부족했다. 한편 요르단은 주로 이론의 수학적인 측면에 관심이 있었으며, 현상을 적절히 기술하는 새로운 기법의 개발을 목표로 삼았다. 세 사람의 공동 논문에서는 양자장론의 기법을 구상하는 파트를 단독으로 집필했다.

하이젠베르크는 두 사람보다 훨씬 야심가였다. 자신들의 연구가 기존의 자연관을 갱신하는 혁명적인 내용이라는 강렬한 자부심이 있었던 듯하다. 이윽고 그 생각을 전문가 이외의 사람들에게도 종종 제시하게 된다.

지구 주위를 돌고 있는 인공위성은 대기와의 마찰로 에너지를 잃으면 나선 궤도를 그리며 지표면으로 낙하한다. 그러나 수소 원자에서 높은 에너지 상태에 있었던 전자가 전자기파를 방출해 낮은 에너지 상태로 전이할 경우, 나선 궤도든 다른 형태의 궤도든 어떤 궤도를 그린다고 가정하는 이론은 만들 수 없었다. 이 '궤도를 결정할 수 없다'는 모호한 상황을 하이젠베르크는 '자연계에는 궤도를 확정할 수 없다는 원리가 있다'고 긍정적으로 해석했다.

슈뢰딩거식 파동역학이라면 이를 '전자는 사실 파동이며, 둘로 나뉜 파동이 합류하는 경우도 있기 때문에 궤도를 결정할 수 없다'고 해석할 수 있다. 그러나 하이젠베르크는 궤도를 결정할 수 없는 물리적 메커니즘을 밝혀내는 방향으로 나아가지 않았다. 전자는 입자로 다룰 수 있다는 전제를 무너뜨리지 않은 채 "위치와 운동량은 불확정이다. 궤도는 결정할 수 없다. 왜냐하면 그것이 자연계의 원리이기 때문이다"라고 주장한 것이다. 개인적으로는 이해할 수 없는 주장이다.

하이젠베르크의 현미경

하이젠베르크의 발상법을 확실히 알 수 있는 것은 불확정성

원리의 해석이다. 이 해석은 1927년 논문에서 제시되었다.[3]

최대한 간단하게 설명하겠다. 지극히 작은 입자의 위치를 측정할 때 오차를 줄이려면 일반적인 광학현미경처럼 가시광선을 이용하는 게 아니라 엑스선이나 감마선 같은 파장이 짧은 빛을 이용해야 한다. 그런데 이런 파장이 짧은 빛은 큰 운동량을 갖고 있다. 광자는 질량이 없지만 빛을 쬐면 따뜻해지는 것에서도 알 수 있듯이 에너지를 운반할 수 있으며, 동시에 에너지와 쌍을 이루는 물리량인 운동량을 갖는다. 전자의 위치를 정확히 측정하려고 엑스선을 조사하면 커다란 운동량을 가진 광자가 충돌하므로, 설령 사전에 운동량을 측정했다 해도 엑스선의 조사로 튕겨진 전자의 운동량은 알 수 없게 된다(도판 5-1).

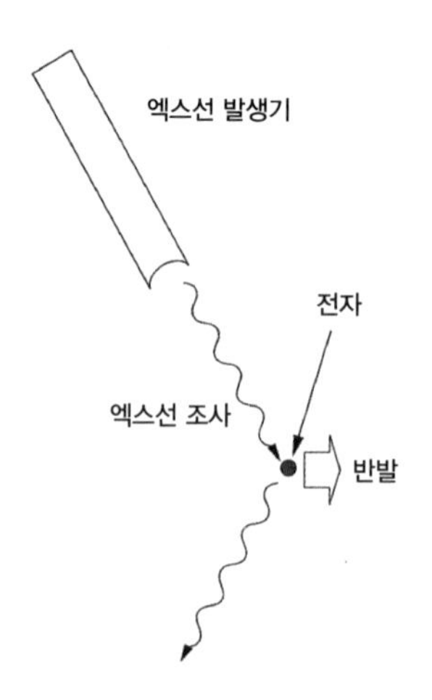

도판 5-1 • 하이젠베르크의 현미경

전자의 위치를 측정할 때 오차를 줄이려고 하면 그 대가로 운동량이 교란된다. 이 상반 관계가 불확정성원리가 의미하는 것이라는 해석은 불확정성원리를 오차와 교란의 관계로 간주하는 것과 같다.

그러나 이 설명이 말이 안 된다는 비판은 처음부터 있었다. 가령 위치를 정확히 측정할 수 있는 입자가 같은 질량을 가진 2개의 파편 A와 B로 분열되었다고 가정하자. 본래 입자의 위치가 무게중심이 되므로, 한쪽 파편 A의 위치를 측정하면 다른 파편 B는 무게중심에 대해 점대칭의 위치(무게중심으로부터 역방향·등거리의 위치)에 있음이 즉시 판명된다(도판 5-2). 이때 B에는 물리적인 작용이 가해지지 않았으므로, 위치가 정확히

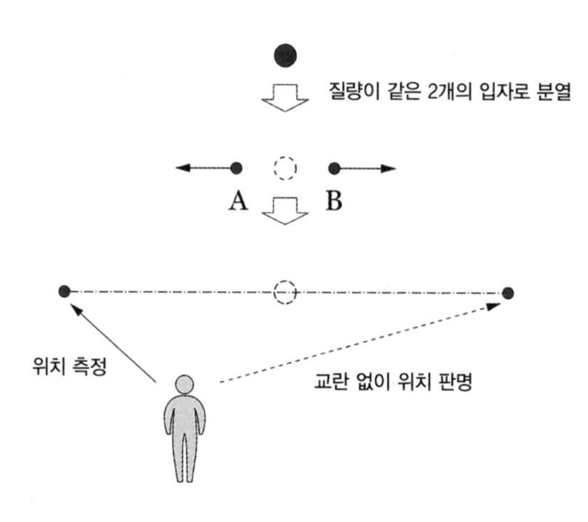

도판 5-2 교란이 없는 측정

판명되었음에도 B의 운동량은 교란되지 않았다. 그렇다면 이 경우 불확정성원리가 깨지는 것일까?

현실에서는 불확정성원리가 깨지는 일이 없다. 불확정성원리를 나타내는 이론적인 수식은 보른이 발견한 교환관계인데, 양자론의 정밀 실험이 실시되는 분야에서 교환관계가 성립하지 않는 현상은 발견되지 않았다.

한편 오차나 교란은 교환관계의 식과 직접 연결된 양(量)이 아닌 것으로 알려져 있다. 따라서 이 둘이 상반적이지 않은 사례가 있다고 해서 이론에 저촉되지는 않는다. 입자가 분열되는 사례에서는 운동량을 어지럽히지 않고 위치를 확정할 수 있더라도, 동시에 운동량의 측정을 실시한 것이 아니므로 불확정성원리는 깨지지 않는다.

하이젠베르크는 오차와 교란의 관계야말로 불확정성원리가 의미하는 바라는 해석에 상당히 집착해, 비판을 받고 나서도 일반인을 대상으로 쓴 책에서 같은 주장을 반복했다. 그런 까닭에 전문 지식이 없는 철학자 등 일부 사람들은 지금도 그 해석을 믿고 있는지 모른다. 그러나 적어도 이론물리학자 가운데 하이젠베르크의 해석을 진심으로 믿는 사람은 없을 것이다.

보어의 방법론을 계승한 하이젠베르크

하이젠베르크의 연구 방식은 보어와 조금 닮은 측면이 있다. 수학적인 엄밀함을 그다지 신경 쓰지 않고, 현상을 적절히 기술할 수 있도록 다양한 수식의 조합을 시도하는 것이다. 원자핵을 구성하는 양성자와 중성자 사이에 어떤 상호작용이 있는지를 논하는 논문에서는 중성자가 전자를 방출해서 양성자로, 양성자가 전자를 흡수해서 중성자로 변하는 과정을 가정하고 전자를 교환함으로써 인력이 작용하는 것이 아니냐고 논했다. 그런데 이는 물리학적·수학적으로 봤을 때 명백한 오류다. 이에 전자 대신 중간자라는 새로운 소립자를 도입함으로써 이 오류를 바로잡은 것이 1935년에 발표된 유카와 히데키의 중간자론이다. 이 업적으로 유카와는 1949년에 일본 최초의 노벨상 수상자가 되었다.

또한 하이젠베르크는 양성자와 중성자의 물리적 성질이 비슷하다는 점에 착안해 둘을 한 세트로 삼아서 식을 세우는 방법을 개발했지만 여기에서 앞으로 더 나아가지는 못했는데, 유진 위그너가 군론(群論)의 수법을 이용한 아이소스핀 이론(양성자와 중성자를 같은 소립자의 다른 상태로 취급하는 이론)으로 이 교착 상황을 깔끔하게 해결했다. 다만 겸손한 위그너가 아이소스핀의 아이디어가 하이젠베르크에게서 유래했다고 논문에 적는 바람에 이 이론을 하이젠베르크가 생각해 냈다고 오해하는 사람이 적지 않다.

하이젠베르크는 어떤 아이디어를 떠올리면 즉시 논문을 쓰는 유형이었다. 신중하게 숙고해서 완성형만을 발표하는 파울리 같은 학자와는 정반대였다. 조금 부족한 부분이 있더라도 계속해서 논문을 발표함으로써 다른 물리학자들을 자극해 결과적으로 물리학의 진보에 이바지한 것은 분명 훌륭한 업적이다. 다만 그 탓에 조금 과대평가된 측면이 있다.

하이젠베르크가 이런 방법론을 갖게 된 데는 1922년에 들었던 보어의 강의가 큰 역할을 했을 것이다. 보어는 인간의 지적 능력에는 한계가 있기 때문에 물리현상의 본질을 직관적으로 꿰뚫어 보기는 불가능하다고 생각했다. 물리의 본질은 이러이러하다는 신념을 갖고 그것을 지도 원리로 삼아 체계적인 이론을 구축하는 것은 인간의 능력을 뛰어넘는 방식이기에, 문제를 다양한 각도에서 다면적으로 검토하고 꼭 일관성이 있지는 않더라도 식을 세우면서 그것들을 조합해 현상을 기술하는 편이 바람직하다는 것이다.

보어의 가르침을 받은 하이젠베르크는 그 방법론을 계승했다. 그는 물리학의 목표로 물리현상의 근간에 숨어있는 본질을 직관적으로 이해할 수 있도록 만드는 것이 아니라, 관측 가능한 물리량의 관계를 기술하는 것에 중점을 뒀다. 이를테면 '원자가 특정 에너지 상태에 있을 때 전자가 어떤 운동을 하고 있는가는 인간이 이야기할 수 있는 영역이 아니다'라고 생각하는 식이다. 이런 방법론은 사물의 본질을 탐구한 아인슈타인이나 슈뢰딩거의 방식과는 큰 차이가 있다. 그 때문인지, 보어가 아인슈타인의 생각을 비판한 것과 마찬가지로 하이젠베르크도 슈뢰딩거의 파동역학을 논박하려고 애썼다.

이미지를 중시한 슈뢰딩거

슈뢰딩거의 강점은 제1차 세계대전 탓에 좀처럼 교수가 되지 못해서 다양한 분야의 연구를 거듭했다는 점일 것이다. 그 덕분에 원자 물리뿐만 아니라 광범위한 과학적 지식을 쌓으며 본질을 꿰뚫어 보는 통찰력을 키울 수 있었다.

슈뢰딩거의 파동역학은 수소 원자의 에너지가 정수로 지정되는 띄엄띄엄한 값이 된다는 관측 사실을 출발점으로 삼는다. 여기에 드 브로이의 물질파 아이디어를 조합하면 원자 속에서 정상파가 형성된다는 비전이 성립한다. 파동에 관한 지식이 있으면 에너지 상태를 지정하기 위한 정수(양자수) n을 정상파의 모드를 나타내는 마디의 수와 연결시키기도 쉬울 것이다. 슈뢰딩거는 이런 비전을 실마리로 삼아 수소 원자의 에너지나 드 브로이의 물질파 이론과 합치하는 파동방정식을 이끌어 낸 것으로 보인다.

이 추측이 옳다면 슈뢰딩거는 데이터에서 보이는 규칙성을 단서로 물리현상의 근간에 있는 본질을 직관적으로 구상하고, 이것을 지도 원리로 삼아 수식을 다듬어 나가는 유형의 물리학자였다고 할 수 있다. 이런 발상법은 빈이 이끌어 낸 빛의 통계적 성질에서 광양자론을 구상한 아인슈타인과 닮았으며, 여러 가지 즉흥적인 아이디어를 시도해 보는 보어나 하이젠베르크와는 성격이 다르다.

보른-요르단-하이젠베르크의 행렬역학은 원자가 정수로 지정되는 상태가 된다는 전제하에 구축되었다. 분명 하이젠베르크 방정식을 풀면 정수로 지정되는 안정된 상태의 존재를 확인할 수는 있지만, '왜 안정 상태가 정수로 지정되는가?'라는 근본적인 질문에 간단명료하게 대답하지는 못한다. 파동역학에서의 '정상파의 마디 수' 같은, 직관적으로 이해할 수 있는 정수는 존재하지 않는 것이다.

이런 차이가 있기 때문에 슈뢰딩거는 자신의 파동역학과 하이젠베르크 등의 행렬역학이 수학적으로 동등함을 제시하는 논문에서, 연구를 시작했을 때만 해도 둘 사이에 관계가 있으리라고는 전혀 생각하지 못했다고 말했다. 또한 행렬역학의 방식이 수학적으로 매우 난해하고 직관성(Anschaulichkeit)이 결여되어 있기 때문에 "반발심까지는 아니지만 약간은 공포를 느낀다"라고도 적었다.[4]

슈뢰딩거는 파동역학이라는 자신의 아이디어가 얼마나 혁신적인지를 자각하고 있었다. 이 이론을 발표한 일련의 논문 서두에서 상태를 지정하는 정수의 존재를 미리 전제하지 않더라도 양자론을 다룰 수 있다 선언하고, 자신의 방식이 "양자화 절차의 본질에 깊게 다가가는 것임을 확신한다"라고 적었다. 보른의 수법에서는 먼저 양자수 n으로 지정되는 상태를 가정한 다음 양자수가 다른 상태 사이에서 어떤 전이가 일어나는지를 조사한다. 그러나 슈뢰딩거의 파동역학은 애초에 왜 양자수로 상태를 지정할 수 있는지를 밝혀냈다.

파동역학의 장점은 구체적인 계산을 할 때 알기 쉽다는 것이다. 정상파라는 구체적인 이미지가 있기에 무엇을 계산하고 있는지 잘 보이며, 어떤 절차를 채용해야 문제를 해결할 수 있을지 방침을 세우기가 수월하다. 수소 원자의 에너지를 구할 때도 미분방정식을 푸는 수리과학자에게는 잘 알려진 방식을 사용할 수 있었다.

반면에 하이젠베르크 등이 개발한 행렬역학은 계산하려고 해도 방향성이 잘 보이지 않는다. 최종적인 도달 지점을 분명히 알 수 없기 때문에 어떤 식을 세워야 할지 망설이게 된다. 실제로 행렬역학의 형식이 완성된 뒤에도 보른이나 하이젠베르크는 수소 원자의 에너지를 자신들의 힘만으로는 계산할 수 없어서 특출한 수학적 재능의 소유자였던 파울리의 도움을 빌려야 했다.

그 자신들은 방대한 계산 속에서 미아가 되어버렸는데, 뒤늦게 출발한 슈뢰딩거가 손쉽게 문제를 풀어버렸다. 이 사실이 하이젠베르크를 한층 공격적으로 만들었는지도 모른다.

슈뢰딩거를 향한 비판과 그 귀결

슈뢰딩거는 원자 안에서 정상파가 형성된다는 사실을 올바르게 통찰했지만, 그 파동과 관측되는 전자의 관계를 잘못 파악하는 바람에 파동방정식의 해가 전자 그 자체라고 해석했다. 그러나 파동방정식의 해는 원자 외부에서 입자로서 덩어리를 유지하지 못하고 형태가 붕괴되어 버린다. 하이젠베르크는 이 점을 매섭게 지적했다.

그런데 흥미롭게도 하이젠베르크의 맹우라고 할 수 있는 파울리의 반응은 조금 달랐다. 파울리는 슈뢰딩거의 논문이 나온 직후인 1926년 4월 요르단에게 보낸 서신에서 슈뢰딩거의 논문을 '최근에 발표된 가장 중요한 논문 중 하나'로 평가하고 꼼꼼히 읽어보도록 권했다. 그리고 그 자신도 슈뢰딩거 방정식을 기반으로 여러 가지를 계산했다(파울리의 이런 행위가 어떤 성과를 낳았는지는 제5장에서 소개하겠다). 1929년에 하이젠베르크와 함께 발표한 양자장론의 논문에서 제목으로 사용한 '파동장(Wellenfeld, 영어로는 wave field)'이라는 용어에서도 슈뢰딩거의 자연관과 친근감이 느껴진다.

다만 파울리는 하이젠베르크와 달리 어디까지나 전문적인 논의에만 흥미가 있었기 때문에 일반인을 대상으로 한 해설서는 거의 쓰지 않았다. 그래서 파동역학의 평가에 대해서는 하이젠베르크의 비판과 슈뢰딩거의 자진 철회라는 측면만이 두드러지는 결과를 낳고 말았다. 1927년에 슈뢰딩거가 '전자는 파동이다'라는 주장을 철회한 탓에, 근간에 있는 실체의 이미지를 그리지 않고 현상의 기술에만 집중하는 것을 바람직하게 여기는 하이젠베르크의 방법론이 양자론의 주류로 여겨지게 된다. 그리하여 파동역학에서 파동 일원론적인 자연관을 제거하고 계산 결과가 행렬역학과 동등해지는 형식적인 이론으로 간주함으로써 양자를 통일한 '양자역학'이 성립되었다. 교환관계를 기초로 삼아 연역적으로 체계를 구성하는 행렬역학에서 유래한 수법은 양자론을 다루는 가장 정통적인 방법으로, 때때로 '정준 양자화(canonical quantization, 正準量子化)'라는 거창한 명칭으로 불린다.

그러나 이 시점의 양자론이 완성의 영역과는 거리가 멀었다는 사실을 똑바로 인식해야 한다. 1920년대 중반에는 양자론이 빛과 전자에 관한 이론으로 연구되었지만, 빛에 관해서는 에너지가 $h\nu$의 덩어리가 된다는 아인슈타인의 광양자론에서 크게 진보하지 못한 상황이었다. 또 전자의 양자론은 수소 원자의 에너지를 이론적으로 이끌어 낼 수 있는 단계에 이르렀지만 '전자의 정체는 무엇인가?'라는 질문에는 답을 제시하지 못했다. 하이젠베르크는 전자를 위치와 운동량으로 기술되는 입자로 다루면서도 그 실체는 이야기할 수 없다는 입장을 고수했기 때문에 이 질문에 대답하려 하지 않았다. 하지만 오히려 대답하지 않았기에 비판받지 않고 오랫동안 받아들여졌다고도 할 수 있다.

빛과 전자의 성질에는 비슷한 점이 적지 않다. 양쪽 모두 에너지의 덩어리인 것처럼 움직일 때가 있어서 입자로 취급되는 경우도 많다. 그러나 그 움직임 전체라는 관점에서 보면 빛은 맥스웰 방정식, 전자는 슈뢰딩거 방정식이라는 파동의 방정식을 따른다. 빛도 전자도 입자성과 파동성을 함께 지니고 있는 것처럼 보인다.

그렇다면 파동역학이나 행렬역학은 아직 구축 과정에 있는 양자론이며, 빛과 전자를 통일적으로 다루는 진정한 양자론을 만들 수 있지 않을까? 이 과제에 도전한 이들이 인간의 지적 능력에 관한 철학적인 논의보다 물리현상의 명쾌한 설명을 좋아하는 디랙과 요르단 같은 물리학자들이었다.

다만 디랙과 요르단은 자연을 바라보는 관점이 크게 달랐다. 최대한 단순화해서 이야기하면, 디랙이 입자가 이 세상의 구성 요소라는 원자론을 전개한 데 반해 요르단은 온갖 물리현상의 근간에 파동이 있다는 장(場)의 이론을 주장했다.

빛과 전자를 통일적으로 다루는 방법론으로, 1920년대 끝 무렵에 두 가지 아이디어가 제안되었다. 첫째는 디랙이 제안한 2차 양자화 수법이고, 둘째는 요르단이 제안한 장의 양자화 수법이다.

디랙이 원자론자였던 탓도 있어서 2차 양자화 수법은 소립자를 원자론적으로 다루는 것이었다. 핵심만 소개하면, 물리 현상의 근간에 있는 것은 전자나 광자 등의 입자이며 이것들이 진공 속을 자유롭게 운동하는 도중에 에너지양자의 생성, 소멸로 인해 상태 변화를 일으킨다는 생각이다. 이 생각에 입각해서 디랙이 개발한 수법은 새로운 입자 탐색 같은 소립자 실험에 편리하게 응용할 수 있다는 점도 있어서, 제창된 뒤 수십 년 동안 실험가와 이론가 모두에게 편리한 도구로 여겨졌다.

다만 현재의 지식에 따르면 이런 원자론적인 소립자의 이미지가 통용되는 것은 극히 일부 현상(뒤에서 설명하겠지만, '섭동 근사가 성립하는 과정')으로 국한된다. 이 경우에 한해 소립자는 입자처럼 움직이며, 그 밖의 많은 현상은 소립자를 입자로 가정하면 도저히 이해할 수 없게 된다.

장이론 수법의 경우, 원리적으로는 어떤 사례에나 적용이 가능하다. 요르단이 제안한 장의 양자화 관점에서 보면 소립자는 장이 에너지를 얻어서 격렬히 진동하는 상태라고 할 수 있다. 소립자끼리의 반응에서는 장 사이에서 에너지가 교환되어 각각의 장의 진동 상태가 변화한다. 이처럼 구체적인 이미지를 그릴 때는 장이론이 더 이해하기 쉽다.

다만 장의 양자론에 관해서는 요르단이 제안한 뒤 수십 년에 걸쳐 무언가 근본적인 결함을 안고 있는 실패한 이론이라고 보는 시선이 강했다. 구체적인 과정에 응용하려는 순간 계산이 엉망이 되는 것이다. 어떤 과정과 관련해 적분 계산을 하려고 해도 결과가 수렴하지 않고 무한대가 되어버린다.

그러나 이런 결함은 그 후의 연구를 통해 단계적으로 해결되어 갔다. 먼저 1940년대에 도모나가 신이치로 등의 재규격화 이론을 통해, 적분이 발산한다는 가장 큰 장애물을 회피하는 방법이 제시되었다. 또한 1960년대에 양-밀스 이론, 자발

대칭 깨짐 이론, 재규격화군 이론 등 실험·관측에 따른 데이터를 재현할 수 있는 새로운 이론이 속속 탄생함으로써 양자장론은 결코 실패한 이론이 아님이 판명되었다.

제6장에서는 소립자론에 대한 관점이 원자론에서 장의 이론으로 변화하는 과정을 살펴보도록 하겠다.

진동하는 '무언가'

빛과 전자를 같은 수법으로 다루는 양자론을 개발하려면 무엇이 필요할까? 디랙과 요르단은 공간 내부에 퍼져서 진동하는 '무언가'를 양자론으로 다뤄야 함을 각자 독립적인 과정을 거친 끝에 깨달았다.

전자기장의 에너지가 $h\nu$의 덩어리가 되는 것은 전자기장 진동의 직접적인 귀결이라고 볼 수 있다. 광양자론을 고안한 아인슈타인도 이 점을 자각하고 있었으며, 그래서 같은 수법을 결정 내 원자의 진동에도 적용했다. 다만 아인슈타인은 진동과 에너지의 양자화를 연결하는 메커니즘까지는 해명하지 못했다.

광양자의 수수께끼를 해명할 단서가 보이기 시작한 것은 1910년대에 접어든 뒤였다. 이 무렵에 광양자의 움직임이 훅의 법칙(탄성력이 변위의 크기에 비례한다는 법칙)을 따르는 용수철에 추를 단 것(물리학 용어를 사용하면 '조화 진동자')을 양자론으로 다뤘을 때의 상황과 비슷하다는 사실이 밝혀졌다.

여기에서는 파동역학의 이미지를 사용해서 설명하겠다. 추는 용수철의 힘으로 다시 끌어당겨지기 때문에 진동 중심이 되는 평형 위치에서 크게 멀어질 수가 없다. 요컨대 이 운동을 파동역학으로 다루면 파동이 평형 위치 부근에 갇힌 셈이 되므로, 갇힌 파동의 일반론에 따라 마디의 수를 나타내는 정수 n으로 진동 패턴이 지정되는 정상파가 형성된다(도판 6-1, 파형이 55쪽 도판 2-4에 나온 기본 진동~3배 진동과 유사하다는 점에 주의할 것). 정상파의 에너지는 마디 수별로 다른 이산적인

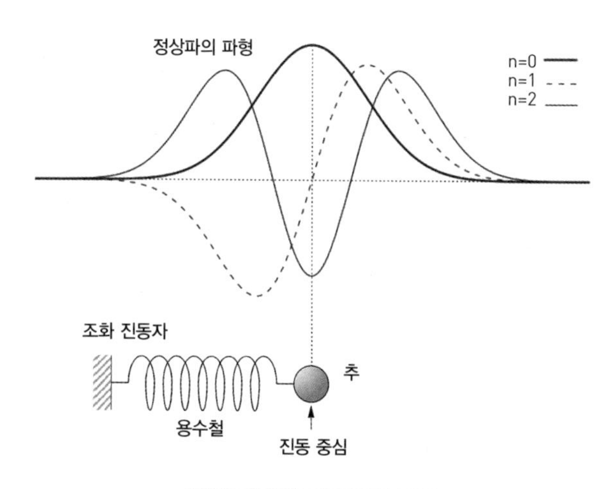

도판 6-1 • 조화 진동자의 정상파

값이 되며, 슈뢰딩거 방정식을 사용해 계산하면 n이 제로일 때를 기준으로 hν의 n배가 된다.

다만 광양자는 단순히 에너지가 hν가 되는 것이 아니라 3차원 공간 속을 돌아다닌다는 특징이 있다. 이는 진동하는 무언가가 3차원 공간 내부에 퍼져있으며, 용수철처럼 같은 지점에서 진동을 반복하는 게 아니라 진동이 파동이 되어서 전해진다는 것을 의미한다. 그렇다면 무엇이 진동하고 있는 것일까? 이 점에 관해 디랙과 요르단은 전혀 다른 생각을 했다. 먼저 디랙의 생각부터 살펴보자.

전자와 광자는 입자다

디랙의 2차 양자화는 1927년에 발표된 빛의 방출과 흡수에 관한 논문에서 시작되었다. 그 후 디랙은 1928년에 디랙 방정식을 바탕으로 상대론적인 전자론을 고안했고, 1930년대에 들어서자 빛과 전자를 통일적으로 다루는 양자론을 구상했다. 이것들을 수학적인 엄밀성을 신경 쓰지 않고 대략적으로 파악하면 다음과 같은 단계로 구성되어 있음을 알 수 있다.

1. 물리현상의 근간에는 입자가 존재한다.
2. 입자의 상태는 공간 내부에 퍼져있는 파동함수로 표현된다.

3. 파동함수를 '양자화'하면 상호작용이 생성·소멸의 과정이 된다 (2차 양자화).
4. 온갖 물리현상은 입자의 자유 운동과 생성·소멸 과정의 조합이다.

슈뢰딩거의 파동방정식은 본래 전자 자체를 기술하는 것으로 고안됐지만 이 아이디어는 이후 철회되었으며, 파동방정식의 해는 전자의 양자론적 상태를 나타내는 함수로 간주되었다. 이 함수가 '파동함수'로, 어떤 위치에 전자가 존재할 확률을 구하는 데 이용할 수 있다.

디랙은 이 수법을 빛에 적용했다. 구체적으로는 맥스웰의 고전적인 전자기학에서 전기장·자기장의 기반이 되는 양으로 여겨지는 전자기 퍼텐셜을 광자의 파동함수로 생각한 것이다 (미리 말해두면 이 생각은 현재 잘못된 것으로 여겨진다).

입자를 양자론으로 다룰 경우, 입자의 위치와 운동량에 교환 함수를 부과하는 형태로 양자화를 한다. 교환 함수를 부과하면 여기에서 불확정성원리가 자동으로 도출된다. 이것이 하이젠베르크 등이 개발한 행렬역학의 기본적인 방법론으로, 정준 양자화라고 불리는 방식이다. 이 방법론에서 파동함수는 양자화한 입자의 움직임을 기술하는 도구에 불과하다. 그런데 디랙은 입자의 양자론적 움직임을 기술할 터인 파동함수를 다시 양자화한 것이다. 이것이 '2차 양자화'라고 불리는 이유다.

전자기 퍼텐셜은 맥스웰 방정식에 따라서 조화 진동자와 매우 유사한 진동을 하므로, 이것을 광자의 파동함수로 간주하고 양자화하면 광자의 에너지는 hν의 덩어리가 된다. 앞에서 언급한 "진동하는 '무언가'"가 디랙의 이론에서는 파동함수인 것이다.

디랙은 자신이 개발한 수학적 수법을 자유자재로 활용했다. 파동함수를 양자화할 때는 비가환수(非可換数), 즉 '곱하는 순서를 바꾸면 결과가 달라지는 수'를 사용했는데, 최종적으로 얻은 결론은 소립자 반응을 해석하는 데 적합한 형식을 띠고 있으며 실험가들도 이해가 가능하다. 그러나 이 결론에 도달하기까지의 논리가 너무 복잡해서 많은 물리학자를 혼란에 빠트렸다. 왜 파동함수를 양자화하는지 그 이유를 이해하기가 어려웠을 뿐만 아니라 새로운 수학적 수법을 잔뜩 사용한 탓에 디랙의 논문은 터무니없이 난해(하다기보다 거의 이해 불가능)했다. 당시 교토 대학교에서 최첨단 양자론을 공부했던 유카와 히데키와 도모나가 신이치로도 이 난해함에 애를 먹었다. 유카와는 "디랙의 논문을 읽으면 화가 난다"고, 도모나가는 "디랙의 논문을 읽으면 슬퍼진다"고 말했다고 한다.[5]

천재 디랙의 화려한 테크닉

20세기 최고의 물리학자가 누구냐고 물어보면 대부분은 망설임 없이 아인슈타인이라고 대답할 것이다. 상대성이론이나 양자론의 분야에서 압도적인 업적을 이룬 아인슈타인은 틀림없이 현대물리학의 히어로다.

그렇다면 아인슈타인을 빼고 20세기 최고의 물리학자는 누구일까? 물리학에 해박한 사람에게 물어보면 리처드 파인만이라든가 스티븐 호킹 등 다양한 이름이 나오겠지만, 나라면 디랙이라고 대답하겠다.

디랙만큼 '천재'라는 칭호가 어울리는 물리학자는 없다. 평범한 학자의 논문은 집필된 당시의 상황이나 관련 문헌을 살펴보면 저자가 어떤 발상으로 과제에 몰두했는지 대략적인 사고 과정을 추측할 수 있다. 그러나 디랙의 논문을 보면 대체 어떻게 이런 엄청난 아이디어를 떠올렸는지 도저히 상상이 가지 않는다. 디랙은 전자의 상대론적 방정식(이른바 디랙 방정식)을 비롯해 델타함수, 자기 홀극(magnetic monopole), 생성·소멸 연산자, 거대수(巨大數) 가설, 다시간 이론 등의 아이디어를 속속 생각해 냈다. 하이젠베르크의 불완전한 논문을 읽고 즉시 교환관계 식을 이끌어 냈을 뿐만 아니라, 행렬 계산 단계에 머물렀던 보른과 달리 비가환수를 사용한 새로운 수학적 수법을 개발했다.

디랙의 발상은 추상 수학에 기반을 둔 것이었다. 머릿속에서 수학적인 이미지를 자유자재로 다루면서 새로운 이론을 구축해 나갔다. 그런 까닭에 약간의 수식에서 순식간에 결론을 통찰해 낼 수 있었을 것이다. 그러나 나 같은 평범한 사람은 그의 논문을 읽어도 비약이 너무 많아서 도저히 전개를 따라잡지 못한다.

디랙의 가장 큰 업적은 디랙 방정식의 발견일 것이다. 전자에 관한 방정식으로는 슈뢰딩거의 파동방정식이 알려져 있었지만, 이는 상대론적이지 않다는 결함이 있었다. 상대성이론은 시간과 공간을 일체화된 '시공'으로 다루는 이론이다. 본래 하나인 것을 인간이 편의상 시간과 공간으로 나눠서 생각하는 것일 뿐이므로 시간과 공간은 이론 안에서 같은 형태로 나타나야 한다. 시간의 1차식과 공간의 2차식이 혼재해서는 근원적인 방정식이라고 말할 수 없다. 그런데 슈뢰딩거 방정식에서는 이런 혼재가 보인다. 요컨대 근원적인 식에 가까운 식일 뿐이다.

많은 물리학자가 슈뢰딩거 방정식을 상대론적인 식으로 고쳐 쓰려 시도했지만 성공하지 못했다. 사실 일반적인 방식으로는 상대론과 합치하도록 고쳐 쓸 수 없음을 간단한 계산으로 증명할 수 있기 때문에 평범한 물리학자는 이것이 인간의 힘으로는 어떻게 할 수 없는 것임을 곧 깨닫고 포기해 버린다.

그런데 1928년에 디랙이 엄청난 방법을 생각해 냈다. 전자의 상태를 나타내는 파동함수가 4개의 성분을 갖는다고 가정한 것이다. 게다가 그 4개의 성분 중에는 전자와는 이질적이라고도 할 수 있는 미지의 존재가 포함되어 있었다. 디랙은 이 4개의 성분을 적절히 조합한 방정식을 만듦으로써 상대성이론과 합치시키는 데 성공했다. 감탄의 한숨이 나올 만큼 훌륭한 수법이다.

디랙 방정식에 포함되어 있는 4개의 성분 가운데 두 성분이 전자를 나타낸다. 그리고 다른 두 성분은 훗날 전자의 '반입자(反粒子)'에 해당함이 밝혀졌다. 반입자는 입자와 질량이 같고

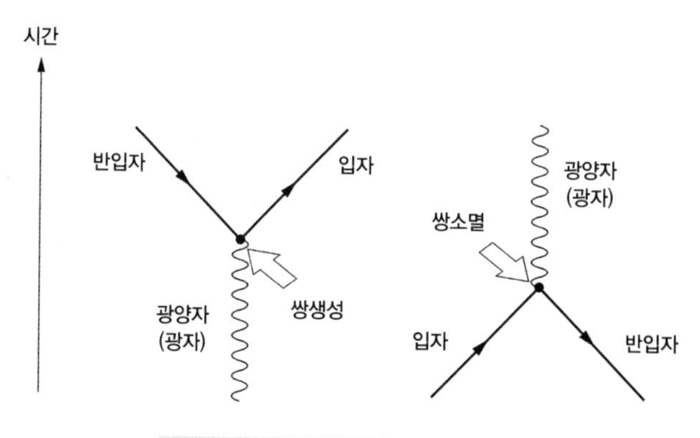

도판 6-2 • 입자와 그 반입자의 쌍생성 · 쌍소멸

전하가 반대인 것으로, 입자와 충돌하면 쌍소멸을 일으켜 입자와 함께 사라진다. 쌍소멸이 일어날 때는 빛 등의 형태로 대량의 에너지가 방출된다. 반대로 강대한 에너지를 공간에 주입하면 입자와 반입자가 쌍으로 탄생하는 쌍생성이 일어난다(도판 6-2, 반입자는 형식적으로 시간의 반대 방향을 향해 나아가는 입자처럼 기술되기에 반입자의 움직임을 나타내는 화살표는 통상적인 입자와 반대가 된다).

반입자라는 신비한 존재는 디랙 방정식을 통해 처음 제시된 것으로, 그전에는 SF 작가를 비롯해 그 누구도 예상조차 하지 못했다. 전자의 반입자는 1932년 우주 공간에서 날아오는 고에너지 방사선의 반응을 통해 발견되어 양전자로 명명되었다.

생성·소멸의 마법

비가환수를 사용한 수학적인 이론에 따르면 전하와 전자기장의 상호작용은 광양자의 개수를 1개 늘리거나 1개 줄이는 과정이 된다. 이런 과정은 디랙 자신이 고안한 생성·소멸 연산자를 사용하면 마치 마법처럼 이해하기 쉬운 직관적 표기로 정리된다.

연산자는 구체적인 수식 계산을 '수식에 대한 작용'으로서 하나의 기호로 통합해 나타낸 것이다. 가령 진동을 나타내는 식에서 '진폭이 2배인 파동으로 변환하는 연산자'는 '전체에 계수 2를 곱한다'는 작용을 나타낸다. 더하기·빼기·곱하기·나누기 외에 미분이나 적분, 변수 변환 등의 작용을 하는 연산자를 정의할 수 있다. 디랙이 제안한 생성·소멸 연산자는 에너지 상태를 나타내는 함수를 변형시켜 에너지양자 hν의 개수가 늘어나거나 줄어든 함수로 바꾸는 작용을 나타낸다.

전하와 전자기장의 상호작용은 맥스웰의 전자기학에서 전류와 전자기 퍼텐셜의 곱이라는 형태로 표현되는데, 이것을 비가환수의 성질에 입각해 변형시키면 빛의 에너지양자(광양자)가 1개만 증감하는 생성·소멸 연산자를 포함하는 식으로 표현된다.

전하로서 전자를 생각해 보자. 전자와 전자기장이 어떻게 변화하는지를 나타내는 방정식은 전자 또는 전자기장만이 존재해, 자유롭게 움직이는 부분과 에너지양자의 개수가 딱 1개 증감하는 상호작용의 부분을 합친 것이 된다. 디랙은 상호작용이 없다고 가정했을 때의 해를 출발점으로 삼아, 상호작용의 효과를 작은 보정으로서 단계적으로 추가해 나가는 방법을 생각했다. 이런 방법은 수학에서 '섭동론'이라고 부르는 계산 수법이다.

섭동론에 입각해서 기술되는 빛과 전자의 움직임은 데모크

리토스의 고전적 원자론의 현대판이라고도 할 수 있는 양상을 띤다. 출발점이 되는 것은 전자와 전자기장의 상호작용이 없다고 가정한 경우로, 정해진 개수의 전자와 광자가 진공 속을 자유롭게 날아다닌다. 그리고 섭동론에 입각해 보정항을 첨가하면 때때로 전자와 광자가 순간적인 상호작용을 하며, 그 결과 전자에서 에너지를 받아 빛의 에너지양자가 1개 늘어나거나 전자에 에너지를 줘서 빛의 에너지양자가 1개 줄어드는 변화가 일어난다. 디랙의 아이디어에 따르면 이런 순간적인 상호작용을 계속 첨가해 나감으로써 현실의 전자와 전자기장의 움직임을 재현할 수 있다는 것이다.

가령 엑스선의 광양자를 흡수해 일시적으로 고에너지 상태가 된 전자에서 본래의 엑스선과 진동수가 다른 광양자가 방출되는 '콤프턴 산란(compton scattering)'은 도판 6-3과 같이 표현된다.

'디랙의 바다'

디랙이 철저한 원자론자였다는 점은 전자기의 상호작용에 관한 독자적인 해설에서 잘 드러난다. 디랙은 전하와 전자기장의 상호작용이 있더라도 광자의 개수는 변화하지 않는다고 가정했다. 생성·소멸 연산자의 작용은 광자가 가진 에너지의

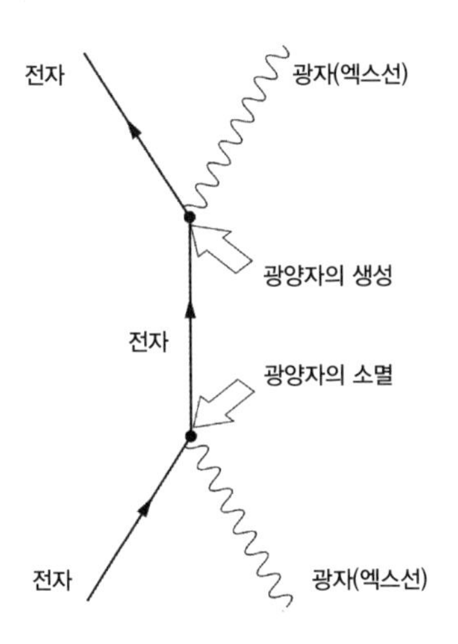

도판 6-3 • 콤프턴 산란

변화를 나타내는 것이다. 가령 빛의 방출과 흡수에 관한 논문에서 디랙은 원자가 빛을 방출하는 과정에 대해 광자가 "(에너지의) 제로 상태에서 물리적으로 명확한 상태로 비약하며, 그 결과 마치 생성된 것처럼 보인다"라고 적었다.

이 문장을 그대로 받아들이면 진공 속에는 에너지가 제로인 광자가 가득 차있는 셈이 된다. 그리고 이 광자가 하전입자와의 상호작용으로 에너지를 획득하면 유한한 에너지를 지녀 인간이 관측할 수 있는 광자로 변화한다. 마치 새로운 입자가 탄생한 것처럼.

전자의 경우가 되면 원자론적인 디랙의 해석은 더욱 과격해진다. 상대론적인 파동방정식인 디랙 방정식의 네 성분 가운데 통상적인 전자 이외의 두 성분은 식에서는 마이너스의 에너지를 가진 것처럼 보인다. 훗날 파울리 등이 반입자라고 해석하는 이 상태를 디랙은 진공 속에 마이너스 에너지를 가진 전자가 가득 차있는 상태라고 생각했다. 이 마이너스 에너지의 전자가 가득 차있는 진공이 바로 미쓰세 류의 소설《백억의 낮과 천억의 밤》이나 애니메이션 〈신세기 에반게리온〉 같은 SF 작품에 종종 등장하는 '디랙의 바다'다.

진공 속의 전자에 충분한 에너지가 공급되면 플러스 에너지를 가진 전자로 튀어나온다. 한편 진공에는 마이너스 에너지의 전자가 빠진 결과 구멍이 남는다. 디랙은 이 구멍이 관측된 양전자(전자의 반입자)라고 생각했던 것이다.

기발한 게 많은 디랙의 이론 중에서도 '디랙의 바다'에 관한 주장은 너무나 엉뚱한 것이었다. 상당히 이른 단계부터 파울리와 하이젠베르크가 이 이론에 관한 의견을 편지로 교환했으며, 특히 파울리는 부정적인 견해를 명확히 드러냈다. 1933년의 솔베이 회의에서는 보어와 파울리, 하이젠베르크 등이 디랙의 강연을 연달아서 혹독하게 비판했다.

결국 양자론 최고의 기발한 아이디어라고도 할 수 있는 '디랙의 바다'는 실질적으로 매장돼 버린다. 생성·소멸 연산자의 경우는 무엇을 생성·소멸하느냐는 점에 대한 해석이 모호한 채 편리한 도구로서 계속 사용되었다.

디랙의 방법이 가진 한계

디랙의 이론은 소립자가 실제론 입자라는 관점에서 구성되어 있다. 디랙의 섭동론에 따르면 양자·광자 등의 움직임이 '자유롭게 날아다니는 도중에 때때로 에너지양자의 생성·소멸 과정을 통해 상태 변화를 일으키는' 것처럼 기술된다. '진공에 전체 개수가 일정하도록 소립자가 채워져 있다'는 디랙의 독자적인 시각이 부정된 뒤에도, '에너지양자의 생성·소멸 과정'을 '소립자가 탄생하거나 사라지는 과정'으로 고쳐 읽으면 섭동론적인 기술이 현실의 소립자 현상을 생생하게 나타낸다고 해석하는 사람들이 있다. 그러나 섭동론을 그렇게까지 신용해서는 안 된다.

섭동론의 출발점은 소립자 현상이 어떻게 생성되는지를 나타내는 식에서 상호작용이 없는 자유 운동 부분과 생성·소멸 연산자로 표현되는 상호작용 부분을 나눠서 다루는 것이다. 전자기 현상에 관해서는 일정 범위일 경우 이런 분할이 정당한 근사가 됨을 확인할 수 있지만, 일반적인 소립자 현상에 관해 이 두 부분을 나누는 것은 의미가 없다. 이 두 부분은 한 몸이 되어서 하나의 현상을 일으키며, 자유로운 운동과 생성·소멸 과정을 나눠버리면 근사조차 되지 않는 것이다.

가령 원자핵 내부에서 양성자와 중성자를 단단히 결합시키는 핵력에 관해서는 섭동론이 전혀 근사가 되지 못한다는 사실이 알려져 있다. 만약 섭동 근사가 성립한다면 핵력은 '자유롭게 날아다니는 양성자와 중성자 가운데 한쪽이 중간자를 방출하고 다른 쪽이 흡수하는 중간자의 교환 과정을 거쳐서 발생하는 인력'이라고 설명할 수 있다. 그러나 현실에서 중간자의 교환을 통해 핵력이 발생한다는 생각은 이론적으로나 실험적으로나 지지를 받지 못하고 있다.

현실의 양성자나 중성자는 쿼크와 글루온이라는 두 종류의 소립자로 구성된 복합 입자다. 그 내부에는 쿼크와 반쿼크(쿼크의 반입자)의 쌍이나 글루온의 덩어리가 응축되어 있어서, 애초에 자유롭게 날아다니는 소립자는 찾아볼 수가 없다. 핵력은 응축된 내장물이 바깥으로 배어 나옴으로써 생기는 힘으로, 자유로운 입자와 생성·소멸 과정의 조합이라고는 볼 수 없다. 이와 마찬가지로 쿼크끼리의 인력도 쿼크·반쿼크의 쌍이나 글루온의 응축을 통해서 생기는 것이지 글루온의 교환에 따른 힘이 아니다.

핵력만이 아니다. 소립자가 질량을 획득하는 힉스 메커니즘이나 게이지 대칭성(소립자가 따르는 수학적인 성질)의 깨짐이 라고 불리는 과정도 섭동론의 범위 밖이다. 디랙의 섭동론적 이론이 통용되는 것은 일부 전자기 현상이나 뒤에서 설명하는 베타붕괴 등의 한정된 소립자 반응뿐이다. '온갖 물리현상의 근간에는 입자가 있으며, 이것이 자유롭게 날아다니는 가운데 이따금 생성·소멸 과정을 통해 변화가 일어난다'는 현대판 원자론으로는 이 세상을 이해할 수 없는 것이다.

전자와 광자는 파동이다

한편 요르단은 원자론자였던 디랙과는 전혀 다른 비전을 제안했다. 요르단은 디랙보다 일찍 전자기장의 양자론을 구상하고 있었다. 1925년에 발표된 보른-요르단-하이젠베르크의 공동 논문은 보른과 요르단의 초고를 하이젠베르크가 수정하는 등 대부분 세 사람의 협력을 통해서 완성되었지만 마지막의 제4장 §3은 요르단 혼자서 집필한 것으로 알려져 있는데, 이 부분에는 양자장론의 단서가 되는 내용이 담겨있다.

맥스웰 방정식에 따르면 전자기장은 조화 진동자와 매우 비슷한 진동을 하므로 근사적으로 무수한 조화 진동자가 연결된 것처럼 다룰 수 있다. 진동수 ν의 조화 진동자를 양자론으로 다루면, 이미 이야기했듯이, 에너지는 $h\nu$의 덩어리로 양자화된다. 그래서 요르단은 몇 개의 조화 진동자가 서로 연결된 시스템에서 에너지양자 hν가 전해질 가능성을 고찰하고 이런 모델을 기반으로 '파동장의 양자역학'을 개발할 수 있다고 결론 내렸다. 파동장이란 전자기장처럼 파동이 발생하는 장으로, 요르단은 이 용어를 이후에도 반복해서 사용했다. 또한 양자장론에 관한 파울리와 하이젠베르크의 장대한 논문에서도 제목으로 사용되었다.

파울리는 양자장론으로 향하는 요르단을 후원해 줬다. 파동역학에 관한 슈뢰딩거의 논문이 발표되자 파울리는 즉시 요르단에게 이 논문을 숙독하도록 권했는데, 요르단도 파울리의 권유를 충실히 따랐던 것으로 보인다. 요르단은 파동역학의 약점이 어디에 있는지를 올바르게 인식하고 어떤 점을 개선해야 할지 궁리했다.

요르단은 1927년부터 1928년에 걸쳐 먼저 단독으로, 다음에는 각각 오스카르 클라인, 파울리, 위그너와 공동으로 논문을 집필해 양자장론의 기초를 쌓아 올렸다. 그 내용은 슈뢰딩거식의 파동 일원론을 온갖 물리현상으로 확장하는 것이었다. 여담이지만, 도모나가의 회상에 따르면 디랙 논문의 난해함에 할 말을 잃었던 유카와가 "이런 걸 찾아냈네"라며 흥분한 표정으로 들고 온 것이 요르단-클라인의 논문이었다고 한다.

이 논문들은 표면적으로 보면 2차 양자화와 매우 유사한 형태의 식을 사용했기에 디랙의 이론을 재탕한 것처럼 생각되기도 했다. 그러나 내용을 이해하면 디랙의 자연관과는 근본적으로 다른 관점에서 이론을 전개했음을 알 수 있다. 간결하게 말하면 원자론에서 장의 이론으로 전환한 것이다.

요르단은 디랙이 항상 전제로 삼았던 '입자의 존재'가 불필요한 가정임을 꿰뚫어 봤다. 입자를 가정하지 않으면 그 운동 상태를 나타내는 파동함수를 굳이 도입할 필요도 없다. "진동하는 '무언가'"는 파동 함수가 아니라 장인 것이다. 빛에 관해서는 전자기장을 생각하고, 전자에 관해서는 전자장(電子場)이라고 부를 수 있는 새로운 장을 도입하면 된다. 그런 다음 이들 장을 양자론적으로 다루면 물리현상을 기술할 수 있음을 제시했다.

요르단의 이론은 다음과 같은 단계로 구성된다. 146~147쪽에 소개한 디랙의 단계와 비교하면서 보길 바란다.

1. 물리현상의 근간에는 장이 존재한다.
2. 장의 상태는 그 자체가 공간 내부에 펼쳐져 있는 장의 강도로 표현된다.
3. 장을 '양자화'하면 상호작용이 생성·소멸의 과정이 된다(장의

양자화).

4. 온갖 물리현상은 장의 파동이 전파되는 과정이다.

불확정성이란 무엇인가?

장의 양자화는 디랙의 이론을 차용해 장을 비가환수로 나타내고 교환관계를 부과함으로써 실현된다. 전자기장이든 전자장이든 양자화된 장은 장의 강도에 관한 불확정성원리를 충족한다.

용수철에 추를 단 조화 진동자를 파동역학으로 다루면, 추의 위치는 확정되지 않고 용수철이 진동하는 영역에 정상파가 되어서 퍼진다. 장을 양자화했을 경우, 이와 같은 현상이 장의 강도에 관해서 일어난다. 고전적인 전자기장 같은 통상적인 장의 이론에서는 각 지점에서의 장의 강도가 하나의 값으로 확정된다. 그러나 양자장론에서는 장의 강도가 하나의 값으로 정해지지 않고 퍼진다. 이때 용수철이 진동하기 위한 공간이 필요한 것과 마찬가지로 장의 강도가 변화할 공간이 필요해지는데, 이런 공간이 온갖 지점에 존재하며 그 내부에서 정상파가 만들어진다.

요르단은 논문에서 이 공간을 '추상적인 좌표 공간'이라고 불렀다. 이 책 제3장에서는 '(전자기장) 전용 공간'이라는 표현을 사용했다.

양자장론에서는 양자역학에서 입자의 위치로 여겨졌던 것이 장의 강도로 읽히며, 불확정성원리는 장의 강도의 불확정성에 관한 성질이 된다. 따라서 양자장론을 전제로 삼으면 불확정성원리를 둘러싼 보어-아인슈타인 논쟁에서 어느 쪽이 옳았는지가 명확해진다.

보어는 입자의 시각(時刻)과 에너지에 관한 불확정성원리가 존재할 터라고 주장했다. 그러나 양자장론에서는 각 지점 장의 강도가 불확정해지는 것이며, 시각은 어느 시점의 장인지를 지정하는 연속적인 변수다. 입자를 양자론으로 기술할 때의 위치에 관한 불확정성원리는 장의 상태 변화를 입자의 운동으로 근사했을 때 현상론적인 관계식으로 성립하는 것에 불과하다. 입자의 위치와 운동량에 관한 불확정성원리를 '보편적인 원리가 아니다'라고 주장한 아인슈타인이 전적으로 옳은 것이다.

소립자는 장에서 생겨난다

요르단이 장의 양자론을 향하게 된 계기는 광양자의 기원을 해명하는 것이었는데, 그는 곧 온갖 소립자가 장에서 생겨날 수 있음을 통찰했다. 최대한 간단하게 말하면, 소립자란 장에서 생긴 파동이 입자처럼 움직이고 있는 것이다.

아인슈타인은 광자라는 자립적인 입자가 존재하는 게 아니며 전자기장의 진동에너지가 hν의 덩어리가 된다고 주장했다. 이는 요르단도 마찬가지다. 그는 광자뿐만 아니라, 아무리 생각해도 입자임이 분명해 보이는 전자도 자립적인 입자가 아니라 에너지양자가 입자처럼 움직이는 것이라는 관점을 채용했다. 실제로 위그너와의 공저 논문에는 "물질 입자의 존재는 광양자의 존재…… (중략) ……가 전자기장의 양자화를 통해 설명되는 것과 같은 방법으로 설명될 것이 요구된다"라는 기술이 있다.

이 관점대로 소립자가 장에서 생겨나는 것이라면 생성·소멸 연산자의 의미도 쉽게 이해할 수 있다. 양자화된 장의 상호작용은 디랙의 이론을 원용하면 생성·소멸 연산자를 사용해 나타낼 수 있다. 디랙은 진공 속에 입자가 가득 차있으며 그 에너지 상태의 변화가 생성·소멸이라고 생각했다. 그러나 장 이론에서는 진공 속에 입자가 숨어있을 필요가 없다. 설령 진공이라 해도 장은 강도가 제로인 상태로 존재한다. 이는 조화진동자의 사례에서, 설사 진동하지 않더라도 용수철 자체는 존재하는 것과 같다. 강도 제로의 진공상태였던 장은 에너지가 공급되면 진동하기 시작한다. 그 결과 추상적인 좌표 공간(각각의 장의 전용 공간)에 정상파가 형성되며, 에너지가 hν의 정수배로 제한되기 때문에 마치 입자가 존재하는 것처럼 보인다.

장의 양자론에서 생성·소멸 연산자는 무언가가 생겨나거나 사라지는 게 아니라 어떤 장에서 다른 장으로 에너지가 전달되는 작용을 뜻한다. 생성 연산자는 에너지가 공급되어 장이 진동을 시작하는 것을, 소멸 연산자는 다른 장에 에너지를 줘서 자신은 진동하지 않게 되는 것을 나타낸다. 이런 에너지의 전달은 에너지양자의 증감이라는 형태로 실시된다.

파동은 어디에서 생겨나고 있는가?

양자장론은 슈뢰딩거의 파동역학과 비교하면 그 특징이 더욱 명확해진다.

슈뢰딩거는 처음에 자신이 고안한 파동방정식의 해가 전자 그 자체를 나타낸다고 생각했지만, 얼마 안 되어서 그 해석이 잘못되었음을 깨닫고 자신의 의견을 철회해야 했다. 그러나 양자장론을 원용하면 파동역학이 가진 약점을 회피할 수 있다.

슈뢰딩거가 가장 골머리를 앓았던 것은 복수의 전자를 다룰 때 그것들이 마치 별개의 3차원 공간에 존재하는 것 같은 파동함수가 된다는 점이었다. 그런데 양자장론의 경우, 전자는 3차원 공간의 각 지점에 존재하는 '추상적인 좌표 공간'의

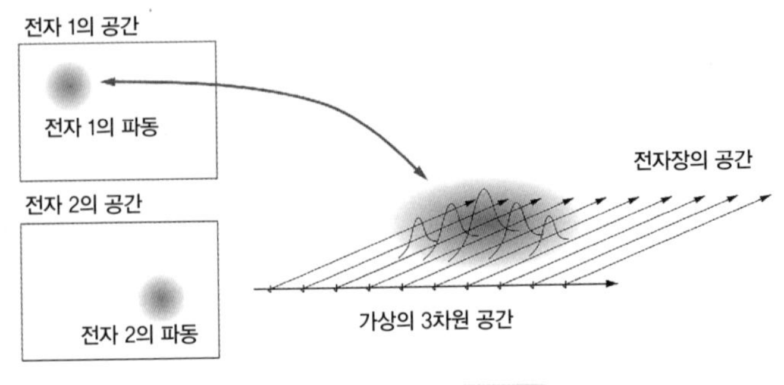

도판 6-4 • 전자장과 파동함수

진동이 연동해서 에너지양자가 다른 지점의 공간으로 전파되어 가는 것이라고 생각할 수 있다. 따라서 양자장론에서 복수의 전자는 각각이 다른 전자장 전용 공간에 소속되어 있게 된다. 슈뢰딩거는 다른 지점의 공간에 걸쳐서 전파되는 에너지양자를 3차원 공간 내부에 존재하는 하나의 전자로 기술했기 때문에 각각의 전자가 별개의 3차원 공간에 존재하는 것처럼 표현되었던 것이다(도판 6-4, 89쪽 도판 3-2와 비교해 보길 바란다). 슈뢰딩거 방정식의 해는 전자 자체가 아니라 각 지점에 존재하는 추상적인 좌표 공간에서의 장의 움직임을 3차원 공간의 함수를 사용해서 나타낸 근사적인 표현이다.

슈뢰딩거는 전자를 무한히 펼쳐지는 3차원 공간 내부에서 하나로 뭉쳐진 상태라고 생각했다. 그러나 3차원 공간에서의 파동방정식의 해는 뭉쳐진 입자 상태를 유지하지 못하고 시간의 경과와 함께 필연적으로 퍼져버린다. 그리고 이 점이 특히 하이젠베르크의 비판을 받게 된다.

사실 전자에 해당하는 파동은 마치 공간의 온갖 지점에 작은 용수철이 존재하는 것처럼 전자장 전용 공간의 연결 속에서 진동하고 있다. 파동은 3차원 공간 속에 펼쳐지는 것이 아니라 이 공간의 내부에 갇혀있다.

슈뢰딩거는 요르단 등이 만든 양자장론을 그다지 진지하게 공부하지 않았는지 파동역학의 약점을 극복하는 이런 아이디어에 관해 논의하지 않았는데, 만약 양자장론을 제대로 이해했다면 어떤 반응을 보였을지 궁금해진다.

양자장론은 왜 받아들여지지 않았는가?

요르단과의 공동 연구로 양자장론의 요체를 터득한 파울리는 1929년부터 1930년에 걸쳐 하이젠베르크와 공동으로 빛과 전자의 상호작용에 관한 장대한 논문을 두 편 발표했다. 양자장론의 토대를 완성했다고 말할 수 있는 논문이다. 보른-요르단이 행렬역학에 관한 첫 논문을 쓴 뒤 4~5년 사이 양자론의 기초가 단숨에 만들어진 것이다.

다만 이렇게 논문들이 발표되었음에도 물리학계에서 양자장론이 받아들여졌다고는 말하기 어렵다. 아인슈타인이나 슈되딩거도 그다지 관심을 보이지 않았다. 그 이유로는 몇 가지 복합적인 요인을 생각할 수 있다.

첫째는 너무나도 난해해서 이해하기가 어려웠다는 점이다. 요르단의 논문은 디랙의 난해하기 이를 데 없는 2차 양자화의 형식을 기반으로 삼고 있으며, 그 수식을 다수 인용하면서 이론을 구성했다. 따라서 애초에 디랙의 논문을 이해하는 데 실패한 학자들은 요르단의 논문 역시 이해할 수가 없었다. 한편 파울리의 논문은 두뇌가 명석한 사람답게 구성이 깔끔하고 빈틈이 없었지만, 그래도 대부분의 물리학자에게는 허들이 너무 높았을 것이다.

비전문가도 양자장론이 무엇을 의미하는지 이해할 수 있도록 해설하려는 시도도 거의 없었다. 요르단이나 파울리는 뼛속까지 이론가여서 전문적인 논의 이외에는 흥미가 없었던 듯하다. 한편 사람들에게 이야기하기를 좋아하는 하이젠베르크는 당시 원자핵의 문제에 몰두하고 있었다. 사실 양자장론 논문에 파울리와 함께 집필자로 이름을 올리기는 했지만, 논문을 읽어보면 논리의 파탄을 신경 쓰지 않는 하이젠베르크답지 않게 처음부터 끝까지 치밀한 논리로 무장되어 있다. 내 생각에는 어디까지나 파울리의 원고에 부분적으로 첨삭을 한 정도일 뿐 그다지 깊게는 관여하지 않았던 것 같다.

또한 양자장론에는 치명적으로 보이기도 하는 결함이 있었다. 구체적으로 응용하려고 하면 금방 계산 결과가 무한대가 되어버려 답을 구할 수 없는 것이다. 그런 탓에 양자장론은 무용지물인 실패한 이론이라는 견해가 1960년대까지 뿌리 깊게 이어졌다. 요르단이나 파울리도 이 문제를 인식하고 있었기 때문에 어떻게든 무한대를 제거하려고 적분 계산을 할 때 곱하는 순서를 바꿔보는 등 이리저리 방법을 모색했지만 근본적인 해결책은 되지 않았다.

사실 이 문제는 1920년대에 생각됐던 것보다 훨씬 심원한 것이었다. 1940년대 후반에 도모나가-파인만-슈윙거의 재규격화 이론을 통해 무한대를 제거하는 형식적인 수법이 개발되었지만, 처음에는 단순한 미봉책에 불과하다고 여겨졌다. 결국 1960년대에 재규격화군이라고 부르는 수학적 수법을 통해 문제의 근원이 밝혀지면서 비로소 무한대를 합리적으로 제거하는 일이 가능해졌다.

이론적인 정비가 충분치 않았을 뿐만 아니라 응용의 측면에서도 양자장론은 필요성이 부족했다. 현재도 그다지 필요하다고 여겨지지는 않는다. 1930년대 원자물리학의 가장 중요한 주제는 누가 뭐래도 원자핵 반응이었는데, 양자장론은 원자핵에 대해 완전히 무력했다. 원자핵을 하나로 뭉치는 핵력의 기원과 관련해 유카와가 양자장론을 응용한 중간자론을 제안했지만, 여기에서 기술 개발로 이어지는 귀결이 유도되지는 못했다. 원자핵에 관해 연구하려면 비상대론적인 양자역학과 반(半) 경험적 수법을 조합하는 수밖에 없었던 것이다.

핵력과는 종류가 다른 핵반응인 베타붕괴에 관해서는 1934년에 엔리코 페르미가 제안한 이론으로 충분했다. 생성·소멸 연산자의 수법을 일반적인 소립자 반응에 응용한 것이다. 진공 속에 고립된 중성자가 1회만 반응을 일으키고 붕괴한다고 가정하기 때문에, 핵 속의 중성자처럼 섭동 근사가 성립하지 않는 과정을 생각할 필요가 없다. 생성·소멸 연산자가 구체적으로 어떤 메커니즘을 나타내느냐에 구애받지 않고 중성자가 소멸해 양성자, 전자, 반뉴트리노(거의 관측되지 않는 수수께끼의 입자인 뉴트리노의 반입자)가 생성된다고만 가정한다(도판 6-5-(a)).

생성 연산자와 소멸 연산자는 상호작용의 항에 같은 형태로 들어간다. 그래서 반입자의 생성 과정이 있다면 반드시 입자의 소멸 과정도 일어날 수 있다. 입자와 반입자를 바꾸려면 시간에 대한 운동의 방향을 반전시킨다. 중성자의 베타붕괴에서 반뉴트리노를 반전시키면 뉴트리노와 중성자가 충돌해 전자와 양성자로 바뀌는 반응을 나타낸다(도판 6-5-(b)). 이런 반응은 빅뱅 직후 고온 상태의 우주에서 실제로 일어났던 것으

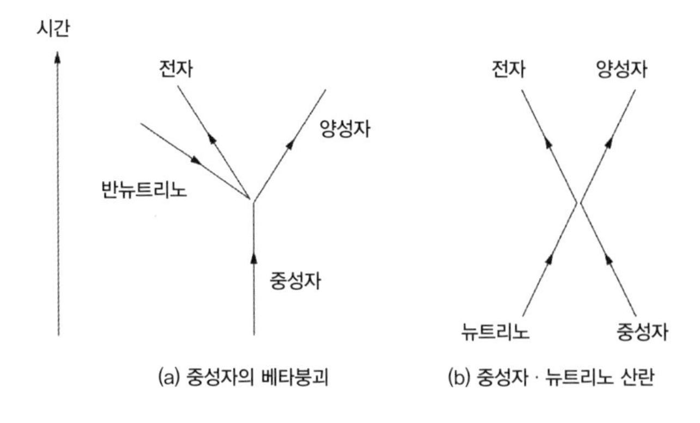

도판 6-5 • 페르미의 이론

로 생각되고 있으며, 물질의 탄생과 밀접한 관계가 있다. 반응이 일어날 확률은 베타붕괴의 빈도와 연결시킬 수 있으므로, 페르미의 이온은 양자장론을 모르는 실험가도 활용할 수 있는 간편한 도구로 이용되었다.

1960년대까지만 해도 아무 도움도 되지 않는 양자장론을 연구하는 사람은 응용에 흥미가 없는 순수한 이론가, 그것도 최첨단 이론에서 약간 벗어난 비주류 연구자들밖에 없는 상황이었다. 그러나 1970년대로 들어서자 이런 상황에 큰 변화가 일어났다. 양자장론에 기초한 과정이 온갖 자연현상의 근간에 있다는 견해가 주류가 되어간 것이다. 그러나 전자공학이나 신소재 등 새롭게 중요성이 높아진 응용 분야에서는 입자의 존재를 전제로 하는 양자역학(입자의 양자론)으로 충분했기에 여전히 양자장론의 필요성이 낮았다.

따라서 일반인이 양자장론에 관해 거의 알지 못하는 것은 당연한 일일지 모른다.

저주받은 물리학자 요르단

양자장론의 수용에 관해 이야기하려면 반드시 소개해야 할 사실이 있다. 20세기 물리학의 역사에서 양자장론의 구축은 몇 손가락 안에 꼽힐 만큼 획기적인 사건이었다. 그런데도 가장 큰 공로자인 요르단은 1980년에 세상을 떠날 때까지 노벨상을 받지 못했다.

노벨상에 관해서는 아직도 이해하기 어려운 점들이 있다. 1928년에 아인슈타인이 행렬역학을 구축한 보른, 요르단, 하이젠베르크를 노벨물리학상 수상자로 추천했다는 것은 잘 알려진 사실이다. 그러나 1932년(시상식은 이듬해인 1933년으로 연기되었다)의 수상자는 그 세 명 중에서 하이젠베르크뿐이었다. 하이젠베르크는 보른에게 보낸 편지에서 왜 자기만 노벨상을 받았는지 의아해했다.

결국 보른은 1954년에 '양자역학에 관한 기초 연구, 특히 파동함수의 확률 해석'에 관한 업적으로 노벨상을 받게 된다. 그러나 확률 해석 자체는 1920년대부터 복수의 물리학자가 제안했던 것으로, 이 시기에 보른이 수상한 것도 기묘한 일이다.

여기부터는 나의 억측인데, 노벨 위원회는 요르단을 수상자에서 제외시키고 싶었던 것이 아닐까? 그런데 보른의 주요 업적은 요르단과 공동으로 연구한 것이었으니 요르단과 함께 보른도 제외시킬 수밖에 없었고, 결국 20년이나 지난 뒤에 상을 준 것인지도 모른다.

요르단이 기피 대상이 된 것은 그가 1920년대부터 국수주의적인 발언을 거듭한 탓으로 생각하는 편이 자연스럽다. 1933년에는 나치당에 입당해 준군사 조직인 돌격대에 가입하기까지 했다. 요르단이 물리학자로서 특필할 만한 업적을 쌓았음에도 해설서 등에서 저평가를 받는 것은 그의 정치적 언동 때문으로 추측된다. 나아가 양자장론의 수용에까지 영향을 끼쳤는지는 분명하지 않지만, 그럴 가능성도 무시할 수 없을 것 같다.

제2차 세계대전 중에 나치의 군사 연구에 협력한 일도 있어서 요르단은 전쟁이 끝난 뒤 학술적인 직책에서 쫓겨난다. 그런데 이때 파울리가 도움의 손길을 내밀었다. 유대계였던 까닭에 나치의 박해를 피해 미국으로 이주할 수밖에 없었던 파울리(1945년 노벨상 수상자)가 추천해 준 덕분에 요르단은 교수직에 복귀할 수 있었다.

정치적인 언동에는 문제가 있었을지 모르지만, 물리학에

대한 자세만큼은 요르단에게서 배울 점이 많다. 보어나 하이젠베르크와 달리 요르단은 아인슈타인이나 슈뢰딩거처럼 '왜?'라는 질문에 대한 답을 찾아내려 했다. '모든 소립자의 질량이 같은 이유는 무엇일까?' '위치나 운동량을 정의할 수 있는데 파동처럼 움직이기도 하는 이유는 무엇일까?' 이런 자연계의 수수께끼에 대해 장을 양자화한다는 방법론으로 답을 얻으려 한 것이다. 일관적인 해답을 얻기까지 40년 정도의 세월이 필요했지만, 그래도 요르단의 도전이 없었다면 아무것도 시작되지 않았을 것이다.

제3부

양자론을 상식의 범위 안으로 되돌린다

●●••

양자론은 상식이 통용되지 않는 기괴한 이론으로 여겨지는 경우가 종종 있다. 고양이가 살아있는 동시에 죽은 상태라든가, 누군가가 관측한 순간에 세계의 상태가 바뀐다든가……. 그러나 이런 이야기는 대부분 오해에서 비롯된 것이다. 온갖 물리현상의 근간에 직접 관측하기 어려울 만큼 미세한 파동이 존재한다고 생각하면 대부분의 양자효과가 그렇게 상식을 벗어난 것이 아님을 알게 될 터이다.

하이젠베르크나 디랙은 전자가 입자라고 가정한 상태에서 그 움직임이 파동적이라는 이론을 구축했는데, 이는 자연계의 실태를 적절히 파악한 게 아니다. 가령 원자에 속박된 전자에 대해서는 어떤 궤도를 그리면서 운동하는지 결정할 수 없다. 그런데 이 상황을 '전자는 입자인데 어째서인지 궤도가 정해져 있지 않다'라고 해석하면 상식적으로 이해할 수 없는 이상한 사태가 될 것이다. 그러나 슈뢰딩거 혹은 요르단처럼 '전자는 파동이며, 외부로부터의 작용으로 정상파가 흐트러지지 않을 때에 한해 입자처럼 움직인다'라고 생각하면 그다지 기묘하게 느껴지지 않는다. 원자 내부에서 전자의 궤도를 특정할 수 없는 이유는, 원자핵으로부터 전기적인 힘이 지속적으로 작용해서 전자의 파동이 안정된 공명 상태를 형성하지 못하는 까닭에 입자적인 움직임을 보이지 않기 때문이다.

양자장론의 발상에 따르면 공간은 아무것도 없는 텅 빈 '스페이스'가 아니라 모든 지점이 진동 가능한 실체다. 전자의 운동으로 생각되는 현상은 이런 진동이 파동으로 전파되어 서로 간섭하는 과정이다. 따라서 '당구공 같은 전자가 공기 중을 날아다니는' 이런 단순한 이미지를 바탕으로 무슨 일이 일어났는지를 설명하려 하면 중요한 측면을 수없이 놓치게 되어 이야기가 혼란스러워진다. 이것이 양자론을 쓸데없이 난해한 이론으로 생각하게 만드는 원흉이다.

제3부에서는 상식을 벗어났다고 생각되는 양자론적 현상을 상식적인 파동의 움직임으로 해석해 나가려 한다. 지금부터 다룰 주제는 '슈뢰딩거의 고양이', '관측과 역사', '양자 얽힘', 이 세 가지다.

제7장

슈뢰딩거의 고양이와 양자 컴퓨터

양자론에 관한 이야기 가운데 특히 유명한 것은 '슈뢰딩거의 고양이'라고 할 수 있다. 물리학이 친숙하지 않은 사람도 어디선가 들어본 적은 있지 않을까? 만화나 애니메이션, 게임 같은 서브컬처 분야에서는 일종의 자곤(jargon, 의미를 잘 알 수 없는 전문용어)으로 이 용어가 종종 인용된다.

슈뢰딩거의 고양이는, 간단히 설명하면, 살아있는 상태와 죽은 상태가 중첩되어 있는 고양이다. 하이젠베르크 등이 개발한 정준 양자론의 수법에서는 양자론적인 상태를 추상 수학의 도구('힐베르트 공간의 벡터'라고 부르는데, 전문적인 용어인 까닭에 여기에서는 설명하지 않겠다)를 사용해서 나타내기 때문에, 무엇이 어떻게 중첩되어 있는지는 물리학자도 이해하지 못한다. 그러나 양자장론에 입각해 온갖 물리현상이 파동이라고 생각하면, 여기에서 이야기되는 것이 '파동의 중첩'임을 알 수 있다. 고양이 같은 복잡한 시스템도 근원을 따지면 양자론을 따르는 원자나 소립자로 구성되어 있으므로 그 물리적인 상태는 양자론적인 파동으로 기술될 터이다.

다만 고양이의 상태는 수면에 전파되는 잔물결 등과는 다르다. 두 잔물결이 교차할 때는 일시적으로 파동이 겹치지만, 이런 식으로 살아있는 고양이와 죽은 고양이의 파동이 중첩된다는 것은 조금 믿기 힘들다. 물리학자는 과연 어떻게 대답할까?

답을 미리 이야기하면, 살아있는 고양이와 죽은 고양이의 파동이 실제로 중첩되는 일은 있을 수 없다. 그러나 양자론적인 파동의 겹침이 전혀 일어나지 않는 것은 아니며, 원자의 층위에서는 지극히 평범하게 일어나는 현상이다.

어떤 경우에 양자론적인 파동의 겹침이 일어나느냐는 상당히 심오한 문제다. 세상을 떠들썩하게 만들고 있는 '양자 컴퓨터'의 실용화 여부와도 관계가 있기 때문이다.

슈뢰딩거의 고양이란?

'슈뢰딩거의 고양이'의 원전은 1935년 슈뢰딩거가 발표한 〈양자역학의 현재 상황〉이라는 3부로 구성된 장대한 논문[6]으로, 제1부의 뒷부분에 고양이 이야기가 등장한다. 다만 이것은 양자역학의 현재 상황을 재미있게 소개하기 위한 비유가 아니다. 첫머리에 "완전히 부를레스케(농담, 희극) 같은 경우"라고 적혀있는 것처럼, 현재와 같은 상태의 양자역학 체계에서는 이런 기묘한 사태가 일어나 버린다는 비판적인 주장이다. 여기에서는 방사성물질을 채용했던 슈뢰딩거의 논술을 베타붕괴 하는 중성자로 치환해서 소개하겠다. 다만 중성자를 진공 속에 독립 상태로 정지시키는 것은 매우 어려운 일인 까닭에 이하의 기술은 어디까지나 이론적인 가상의 실험이라고 생각해 줬으면 한다.

중성자의 베타붕괴는 확률적인 현상이다. 고립된 중성자의 반감기는 약 10분으로, 어떤 시각으로부터 10분 사이에 50퍼센트의 확률로 베타붕괴를 일으킨다. 이 확률은 일정해서, '오랫동안 중성자인 채로 있었으므로 다음 10분 동안에 붕괴할 확률이 이전보다 높다', 이런 상황은 일어나지 않는다. 이는 동전 던지기를 할 때 '10회 연속으로 앞면이 나왔으니 다음에 뒷면이 나올 확률이 50퍼센트보다 높은' 상황이 일어나지 않는 것과 마찬가지다.

외부에서는 안이 보이지 않는 상자 속에 고양이와 독가스 발생기가 들어있다(도판 7-1). 독가스 발생기를 작동시키는 트리거는, 갇혀있는 고립 중성자가 베타붕괴를 일으키느냐 일으

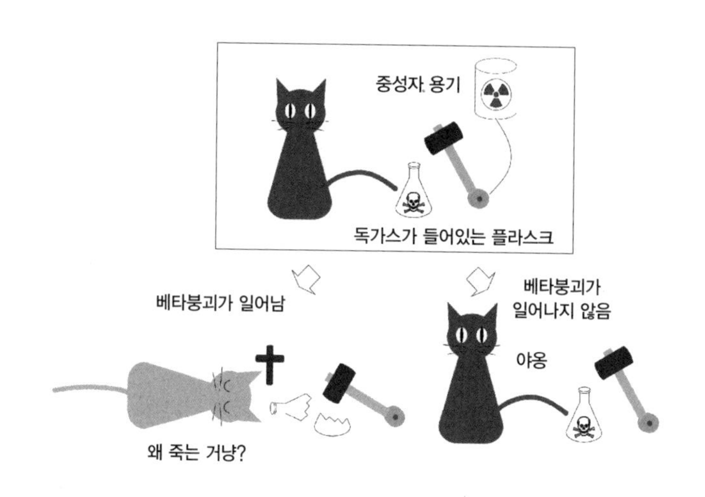

도판 7-1 · 슈뢰딩거의 고양이

키지 않느냐다. 베타붕괴가 일어나면 튀어나온 고에너지 전자가 방사선 계측기에 계측되면서 릴레이 회로가 작동하고 망치가 낙하해 플라스크를 깨뜨리면서 유독한 기체가 상자를 가득 채우게 되므로 고양이는 죽고 만다. 상자에 고양이를 넣은 뒤 중성자의 반감기인 10분이 경과했을 때 고양이가 살아있을 확률은 50퍼센트, 죽었을 확률도 50퍼센트다. 이 상태를 물리학적으로 기술하면 어떻게 될까?

중성자가 베타붕괴를 일으키기 전과 후에만 주목하면, 소립자의 운동이 파동함수로 표현된다는 가정 아래 양자론적인 기술이 가능해진다. 베타붕괴가 일어나기 전에는 고립된 1개의 중성자가 존재하며, 이 상태는 중성자의 파동함수를 사용해서 나타낼 수 있다. 베타붕괴가 일어난 뒤의 상태는 양성자, 전자, 반뉴트리노라는 세 소립자가 각각 베타붕괴가 일어났을 때 해방된 에너지를 부분적으로 짊어지면서 날아가는 파동함수가 된다. 이때 중성자의 파동은 존재하지 않는다.

고립된 중성자의 상태에서 10분이 경과했을 때의 파동함수는 이 두 상태가 절반의 비중으로 겹친 것이 된다. 만약 거시적인 물체를 구성하는 원자나 소립자의 시간 변화를 양자론적인 식을 사용해서 나타낼 수 있다면, 베타붕괴를 일으킨 파동함수와 일으키지 않은 파동함수의 중첩이 그대로 변화해 최종적으로는 살아있는 고양이와 죽은 고양이를 나타내는 파동함수의 중첩이 되는 걸까? '슈뢰딩거의 고양이'란 양자론적인 중첩 상태로서 '살아있는 동시에 죽은 고양이'를 가리킨다.

'그런 일이 있을 수가 있나?'라고 생각하는 사람이 많을 텐데, 그 생각대로 그런 일이 일어나는 것은 말이 안 된다. 슈뢰딩거의 시대에는 파동의 중첩이 어떻게 변화하는지를 실증적으로 나타낼 수 없었기 때문에 형식적인 이론을 통해 중첩을 생각해야 했는데, 이런 형식적인 이론에서 살아있는 고양이와 죽은 고양이가 중첩되어 버리는 기묘한 결과가 나타난 것이다.

사실 양자론적인 파동의 중첩은 상당히 불안정하다. 외부와의 사이에서 에너지의 흐름이 생기는 경우, 예를 들어 화학 변화 등이 일어나면 파동의 중첩은 붕괴되어 버린다. 독가스의 작용은 몸속에 들어간 기체 분자가 화학반응을 일으킴으로써 발생한다. 따라서 독가스에 의해 죽은 고양이와 살아있는 고양이의 상태를 나타내는 파동이 겹친 채로 유지되는 일은 없다.

사실을 말하면, 고양이가 죽기 이전의 베타붕괴 시점에 이미 중첩을 생각할 수 없게 되어버린다. 그러나 이 변화를 설명하려면 '탈간섭(decoherence, 결어긋남이라고도 한다)'이라는 조금 복잡한 이론이 필요하다. 그러므로 이에 관해서는 제8장의 말미에서 간단히 다루기로 하고 제7장에서는 두 가지 양자론적인 상태가 중첩되는 일반적인 경우를 소개한다.

살아있으면서 죽은 고양이는 없다

잔물결 2개가 수면에서 교차할 때 각각의 마루가 겹쳐서 높아지는 경우가 있는데, 이는 어디까지나 일시적인 중첩에 불과하다. 일반적인 파동의 중첩은 현(弦)에서도 관측할 수 있다. 세게 튕긴 직후의 현은 다수의 파동이 겹친 것 같은 복잡한 파형을 나타낸다(도판 7-2). 그러나 점차 에너지가 흩어지면, 공명 상태가 되는 특정한 패턴을 제외한 파형은 진폭이 작

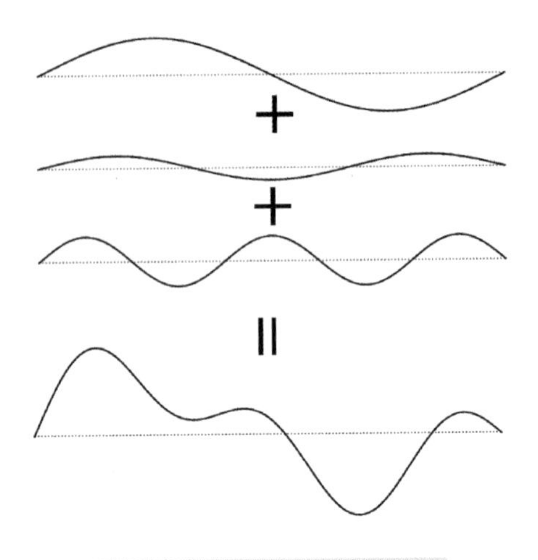

도판 7-2 몇 가지 파동이 겹친 현의 파형

아지다가 사라지고 만다. 처음에 복잡했던 파형이 서서히 단순한 공명 상태의 파동으로 수렴하는 과정은 고속 촬영으로 가시화할 수 있다.

욕조에 채운 물을 휘저었을 때도, 휘저은 뒤 시간이 지나면 일정 진동수를 가진 정상파가 형성된다(52쪽 도판 2-3). 이는 수면을 오가는 파동의 대부분이 간섭해서 상쇄되고 공명 조건을 충족하는 것만이 살아남아서 정상파가 된 결과다. 정상파는 주로 진행파와 반사파가 중첩되어서 생겨난 것으로, 중첩이 길게 지속되는 경우에 해당한다.

여기에서 중요한 점은 진행파와 반사파의 진동수가 같다는 것이다. 일반적으로 중첩이 지속되려면 겹치기 전의 각 파동의 진동수가 같거나 충분히 접근해 있어야 한다. 진동수가 조금 다른 파동이 겹쳤을 경우에는, 진동수는 유지되지만 맥놀이가 발생해 진폭이 주기적으로 변화한다.

양자론에서의 에너지양자의 경우, 아인슈타인이 광양자론에서 제시했던 것과 마찬가지로 에너지가 진동수의 정수배가 된다는 관계식이 있다. 따라서 진동수가 같다는 것은 진동의 에너지가 같다는 뜻이 된다. 다수의 원자로 구성된 일반적인 물질의 경우, 진동수가 다른 파동이 겹친 상태가 되면 부분 사이에서 에너지의 이동이 일어나기 때문에 처음의 중첩이 유지되기 어렵다. 구체적으로는 고층 빌딩이 지진파에 공명하는 경우를 상상해 보길 바란다. 거대한 지진이 빌딩을 덮치면 빌딩 내부에 있는 온갖 물체가 각각 공명하기 쉬운 진동수로 흔들린다. 다만 이런 부분적인 진동의 에너지는 빌딩 내부에서 흩어져 금방 감쇠된다. 반면 빌딩 전체가 지진파의 장주기 성분(주기 2초 이상의 흔들림을 발생시키는 성분)에 공진할 경우는 상당히 장시간에 걸쳐 흔들림이 지속된다. 2011년 동일본 대지진 때는 신주쿠의 고층 빌딩들이 간토평야의 연약 지반 때문에 증폭된 장주기 지진파에 공진해, 지진이 가라앉은 뒤에도 몇 분 동안 계속 흔들렸다.

양자론으로 기술되는 시스템에서는 파장이 인간 크기에 비해 매우 짧아지기 때문에, 주위와의 접촉이 최대한 억제된 충분히 작은 영역에서만 파장의 중첩이 유지된다. 공학적으로 응용할 때는 중첩되는 파동의 진동수에 차이를 줘서 진동 상태를 조정할 것이 요구되는데, 그럴 경우 차이를 아주 작게 만들어야 한다. 이런 시스템을 실현할 수 있다면 어느 정도의 시간에 걸쳐 중첩 상태를 유지할 수 있지만, 그래도 외부에서 충격이나 열의 흐름이 가해지면 중첩은 순식간에 붕괴되고 만다. 살아있는 고양이와 죽은 고양이 같은 거시적인 물체의 중첩을 유지하기는 불가능한 것이다.

중첩이 유지되는 경우

고양이의 중첩은 아주 짧은 순간도 유지할 수 없지만, 원자 규모에서는 지극히 흔하게 양자론적인 중첩이 발생한다.

가령 수소 원자의 경우 현의 2배 진동에 해당하는 2p 상태(58쪽 도판 2-5)는 양성자를 중심으로 전자가 특정 방향으로 치우쳐서 분포하는 상태인데, 이 방향이 3차원 공간의 어디를 향하느냐에 따라 같은 에너지를 가진 세 종류의 상태가 존재한다. 수식으로 나타낼 때는 x, y, z의 각 축 방향으로 치우친 전자 상태를 선택하지만, 현실 세계에서는 인간이 선택한 좌표축과 상관없이 전자의 치우침이 발생한다. 좌표축에 대해 비스듬한 방향으로 치우친 전자 상태는 각각 x, y, z축으로 치우친 상태의 중첩으로 표현된다.

2p 상태의 중첩은 컵 속의 정상파를 떠올리면 이해하기 쉬울 것이다(도판 7-3). 원형의 컵 속에 물을 담고 진동시키면 특정 방향으로 물이 왕복하는 정상파가 생겨난다. 그리고 원의 중심을 원점으로 삼는 수평 방향의 직교 좌표축을 결정하면 각각 x축과 y축의 방향으로 진동하는 두 종류의 정상파를 식으로 나타낼 수 있다. 그렇다면 두 좌표축의 중간 방향으로 생기는 진동은 어떻게 나타낼 수 있을까? 단순한 모델의 경우는 x축 방향의 진동과 y축 방향의 진동에 적당한 계수를 붙여서 중첩시킨 것이 된다. 수소 원자의 2p 상태도 이와 같은 중첩을 생각할 수 있다.

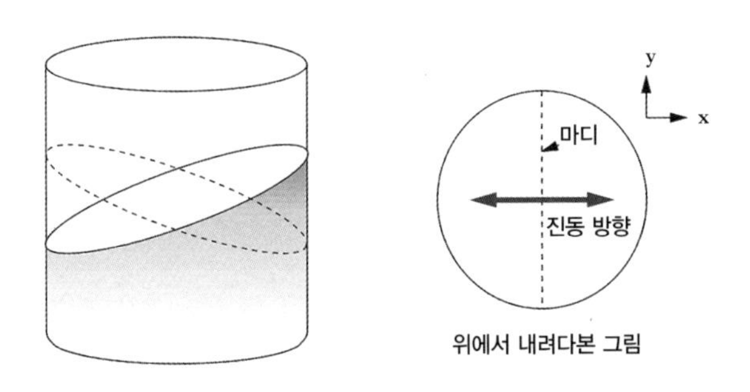

도판 7-3 • 컵 속의 정상파

원자와 같은 수준의 크기라면, 임의의 방향으로 전자 분포가 치우친 2p 상태처럼 양자론적인 파동의 중첩이 유지되는 일은 드물지 않다. 그러나 원자가 다수 모여서 구성된 물질의 경우는 이런 중첩이 유지되기 어려워진다. 원자의 위치 관계에 따라 에너지 값에 차이가 나기 때문에 에너지의 흐름이 생겨나기 쉽고, 그 결과 진동수나 파형이 변화해 처음의 중첩된 상태가 붕괴되어 버리기 때문이다.

그렇다면 양자론적인 파동을 인공적으로 거대한 규모로 중첩시킬 수는 없을까? 슈뢰딩거의 시대는 물론이고 20세기 중반까지만 해도 다수의 원자로 구성된 물질의 양자론적인 상태에 관해서는 이론에서든 실험에서든 다루기 어려웠다. 그러나 20세기 후반부터 실험의 정밀도가 향상되어 이른바 중간 크기(mesoscopic) 규모의 현상을 상당히 상세하게 해석할 수 있게 되었다.

'메조스코픽'이란 거시(macroscopic)와 미시(microscopic)의 중간 영역이다. 조금 더 한정적으로 말하면 분자 규모보다는 크고 공학적인 절삭 가공이 가능한 규모보다는 작은 범위로, 수 나노미터에서 수백 나노미터 정도를 가리킨다(1나노미터는 10억 분의 1미터다). 이 영역의 실용적인 장치로 널리 이용되고 있으며 양자론의 기초 연구에서도 중요한 역할을 맡고 있는 것으로 SQUID(초전도 양자 간섭 장치)가 있다.

실현 가능한 '고양이 상태'

SQUID는 초전도체로 만든 링의 중간에 조셉슨 접합을 끼운 구조의 소자(素子)다(도판 7-4). 조셉슨 접합이란 수 나노미터 정도의 얇은 절연체를 사이에 두고 초전도체를 연결한 것으로, 접합부가 절연체임에도 양자론적인 터널 효과(뉴턴역학에서는 넘을 수 없는 에너지 장벽을 통과하는 현상)로 전류를 흘려보낼 수 있다. 초전도 상태에서는 전기저항이 제로가 되므로, SQUID에는 원형 전류가 지속적으로 흐른다. 링을 관통하는 자기장이 조금이라도 변동되면 초전도의 특성에 따라 전류의

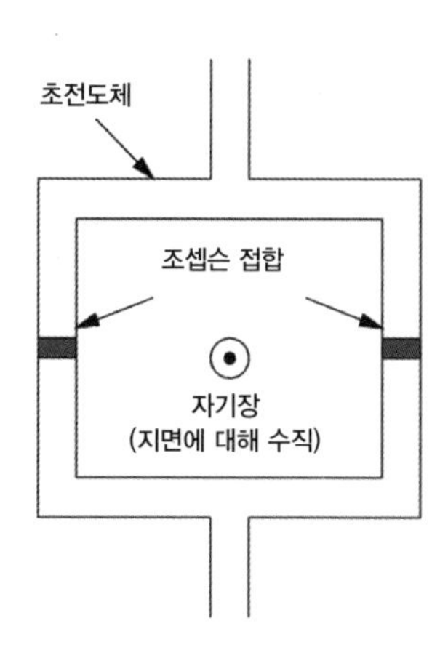

도판 7-4 • SQUID(초전도 양자 간섭 장치)

크기가 단계적으로 변화하는 까닭에 고감도의 자기장 센서로 이용할 수 있다.

초전도 상태에서는 전류와 관련된 전자가 마치 하나로 뭉쳐진 존재인 듯이 질서정연하고 협동적인 흐름을 만든다. 이때 전자는 입자성을 거의 잃고 파동적인 움직임이 두드러진다. 개별적인 전자가 당구공처럼 움직인다면 링을 흐르는 전류가 시계 방향인지 반시계 방향인지 명확히 구별할 수 있을 것이다. 그러나 초전도 상태의 전자는 마치 컵 속에서 출렁이는 물이나 지진파에 공진하는 고층 빌딩처럼 집단 전체가 일체화된 파동으로 움직인다. 당구공 같은 실체의 운동이 아니기 때문에 시계 방향과 반시계 방향의 파동을 중첩시키는 것도 불가능한 일은 아니다. SQUID를 이용해서 이런 유형의 중첩 상태를 실현할 수 있다는 사실은 1980년대에 앤서니 레깃이 제창했으며, 세기가 바뀌는 시기에 몇몇 연구 그룹을 통해 실증되었다.

SQUID의 링은 지름이 1밀리미터도 안 되는 소형이 많지만, 그래도 원자의 크기에 비하면 굉장히 크다. 중첩 상태를 실현한 SQUID의 경우 전류에 관여하는 전자가 수백억 개에 이른다. 그 정도로 '거대'하지만, 외부로부터 충격을 받지 않도록 철저히 관리된 조건에서 실험을 하면 시계 방향과 반시계 방향의 파동이 겹친 상태를 실현할 수 있다. 약간의 자기장이 있다면 에너지에 미세한 차이를 만들 수도 있다.

이 중첩 상태는 중간 규모의 '슈뢰딩거의 고양이'라고 할 수 있어서, 물리학 논문에서 '고양이 상태(cat states)'라는 명칭으로 언급되기도 한다. 기묘한 용어인데, 물리학자들은 의외로 농담이나 말장난을 꽤 좋아한다.

생물인 고양이로 중첩 상태를 만드는 것은 사실상 불가능하지만, 중간 규모의 고양이 상태라면 SQUID 이외에도 다양한 도구를 이용해 실현이 가능하다. 이런 고양이 상태를 응용하는 장치로 현재 수많은 과학자와 기술자가 연구 개발에 몰두하고 있는 것이 바로 양자 컴퓨터다.

고전적 컴퓨터의 구조

일반 사용자가 이용하는 컴퓨터는 노트북 컴퓨터나 스마트폰(통신 기능을 갖춘 모바일 컴퓨터)처럼 미리 애플리케이션을 설치해 놓음으로써 정형적인 작업을 실행하기 편하게 만든 것이 많다. 그러나 20세기 초엽에 앨런 튜링 등이 고안한 컴퓨터의 원형은 임의의 논리적인 알고리즘을 수행할 수 있는 장치다. 주변 장치를 사용해 데이터를 읽어 들이고 모니터에 표시할 필요도 있지만, 가장 근본적인 단계인 논리연산을 실행하는 것은 논리 게이트라고 부르는 소자(특정 기능을 갖는 회로의 구성 요소)를 조합한 연산 유닛이다.

논리학적인 상태는 0과 1을 사용해서 나타낼 수 있다. 아리스토텔레스류의 고전논리학에서는 0을 거짓, 1을 참으로 간주한다. 고전적인 논리연산은 0과 1로 표현되는 입력에 대해서 일정 규칙에 따라 0이나 1을 출력하는 조작이며, 기본적인 논리연산에는 부정(NOT), 논리합(OR), 논리곱(AND) 등이 있다. 가령 논리곱은 2개의 입력이 전부 1일 때는 1을, 어느 하나가 0일 때는 0을 출력한다(도판 7-5). 고전논리학에서 논리곱은 '그리고'를 나타내며, 두 명제 A와 B에 대해 A와 B가 전부 참일 때는 참, A와 B 중 하나가 거짓일 때는 거짓이 된다. 중요한 점은 온갖 논리연산을 이런 기본적인 논리연산의 조합으로 나타낼 수 있다는 것이다. 기본적인 논리연산의 임의의 조합을 실행할 수 있는 장치가 있다면, 생각 가능한 모든 논리연산을 수행할 수 있는 논리학적 만능 머신이 된다. 이런 기능

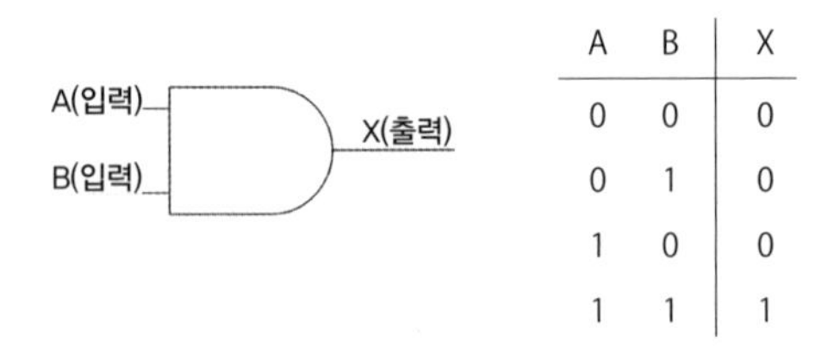

A	B	X
0	0	0
0	1	0
1	0	0
1	1	1

도판 7-5 • AND 게이트

을 갖춘 장치가 컴퓨터인 것이다. 오늘날 컴퓨터가 다양한 용도로 사용되는 것은 임의의 논리연산을 수행할 수 있기 때문이며, 논리연산밖에 수행하지 못한다는 것이 컴퓨터의 한계이기도 하다.

전자 기기에서 0과 1이라는 두 가지 상태를 나타낼 때는 전압의 고저를 이용하는 경우가 많다. 고전적인 컴퓨터에서는 기본적인 논리연산을 수행하는 논리 게이트로서 MOS(금속-산화막-반도체)라는 세 가지 소재를 조합한 트랜지스터를 사용하는 것이 일반적이다. 최대한 단순하게 설명하면, 트랜지스터는 중간 영역에 어떤 전압을 가하느냐에 따라 도체도 되고 절연체도 되는 소자다. N형 트랜지스터는 중간 영역이 고전압이면 도체이고 저전압이면 절연체, P형 트랜지스터는 중간 영역이 고전압이면 절연체이고 저전압이면 도체가 된다. 그렇다면 도판 7-6처럼 조합한 회로를 생각해 보자. 이 경우 중간 영역에 대한 입력이 저전압일 때는 출력 단자가 전원과 직결되므로 고전압, 입력이 고전압일 때는 접지 부분과 직결되므로 저전압이 된다. 고전압을 1, 저전압을 0으로 나타내면 입력이 0일 때는 출력이 1, 입력이 1일 때는 출력이 0이 된다. 따라서 이 회로는 입력과 출력이 반대가 되는 부정(NOT)의 논리 게이트가 된다.

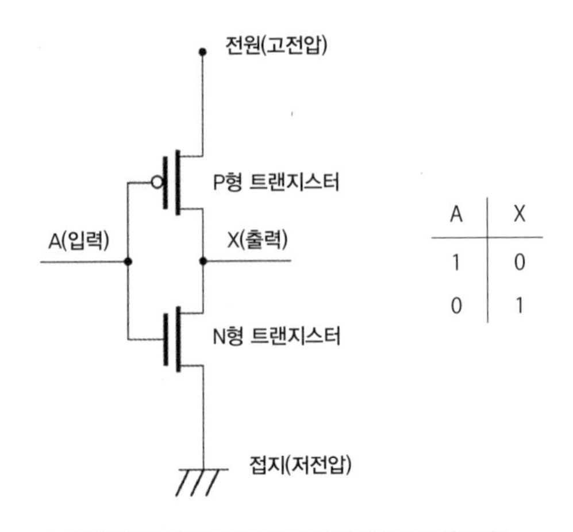

도판 7-6 • CMOS 트랜지스터를 이용한 NOT 게이트

논리합, 논리곱 등의 기본적인 논리 게이트도 트랜지스터를 조합함으로써 실현된다. 그리고 트랜지스터를 콘덴서나 도선 등과 함께 하나의 보드에 다수 장착해서 논리 게이트를 조합한 회로를 실현한 것이 집적회로다. 오늘날 사용되는 컴퓨터는 집적회로를 사용해서 복잡한 논리연산을 수행한다.

집적회로의 집적도는 매년 향상되어 왔는데, 최근 들어서는 그 이상 고밀도로 만들 수 없는 포화 상태에 가까워졌다. 그래서 양자론적인 고양이 상태를 실현하는 소자를 논리 게이트로 이용하는 방법이 고안되었다. 이 양자론적 게이트를 이용한 것이 게이트 머신이라고 불리는 양자 컴퓨터다.

양자 컴퓨터는 고양이 상태를 이용한다

어느 정도의 시간에 걸쳐 중첩 상태를 유지할 수 있는 양자계의 종류는 한정되어 있다. SQUID 유형의 초전도 회로 이외에는 전기장을 사용해서 공중에 정지시킨 이온을 이용하거나 원자핵이 지닌 자석으로서의 성질을 이용하는 것이 있으며, 1990년대 후반부터 2000년 전후에 걸쳐 원리적으로 동작 가능 여부를 조사하는 실증 실험이 실시되었다.

초기의 실험에서는 중첩이 확실히 지속되기는 해도 그 시간이 너무 짧았기 때문에 논리 게이트로 사용할 수 있으리라고는 생각되지 않았다. 가령 1999년 나카무라 야스노부가 세계 최초로 실현한 고체 소자를 이용한 중첩 상태의 경우, 지속 시간이 1나노초(10억 분의 1초)에 불과했다. 그러나 2010년대에 들어오면서 조금씩 개량이 진행되어 지속 시간이 수십만 배로 늘어나는 비약적인 발전을 이루었다. 이렇게 되면 중첩을 이용한 양자 논리 게이트의 제작도 현실적인 것이 된다.

MOS 트랜지스터를 이용한 논리 게이트의 경우, 고전압과 저전압처럼 1과 0으로 표현되는 두 가지 상태밖에 생각할 수 없었다. 그러나 중첩이 충분히 오래 유지된다면 1과 0이 중첩된 상태도 논리연산의 단계가 될 수 있다. 파동의 식으로 생각할 경우, 중첩에는 두 파동의 식을 더할 경우와 뺄 경우가 있

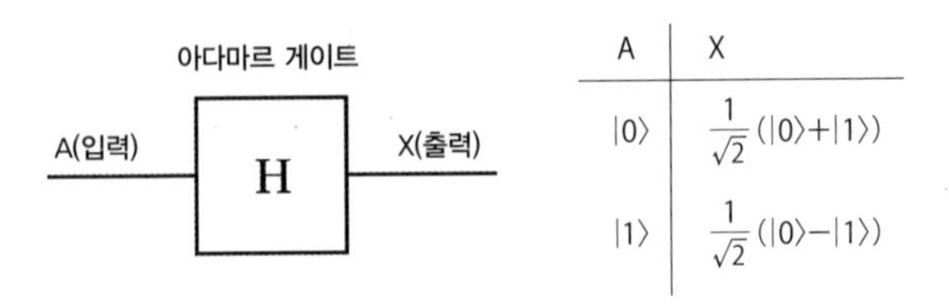

A	X
$\vert 0\rangle$	$\frac{1}{\sqrt{2}}(\vert 0\rangle+\vert 1\rangle)$
$\vert 1\rangle$	$\frac{1}{\sqrt{2}}(\vert 0\rangle-\vert 1\rangle)$

도판 7-7 · 아다마르 게이트

으며, 이는 1과 0의 합, 1과 0의 차로 표현된다. 여기에서 합과 차라는 것은 수치의 덧셈·뺄셈이 아니라, SQUID로 치면 전류가 시계 방향인 파동과 반시계 방향인 파동의 식을 더하거나 뺐을 때의 파동에 해당한다. 가령 아다마르 게이트라고 불리는 논리 게이트는 입력이 0일 때는 출력이 1과 0의 합, 1일 때는 1과 0의 차가 되는 소자다(도판 7-7, 수치가 아니라 양자론적인 상태임을 나타내기 위해 0과 1 대신 $|0\rangle$과 $|1\rangle$이라는 기호를 사용했다). 그 밖에도 입출력이 중첩된 상태가 되는 여러 가지 논리 게이트가 고안되고 있다.

이처럼 논리 게이트의 입출력에 중첩 상태를 이용할 수 있게 되면 MOS 트랜지스터를 이용한 논리연산에 비해 훨씬 적은 단계수로 최종적인 결과를 얻을 수 있다. MOS 트랜지스터는 연산의 중간 단계에서도 항상 1이나 0 중 하나라는 두 가지 가능성밖에 없는 반면, 양자 게이트는 다양한 중첩 상태가 가

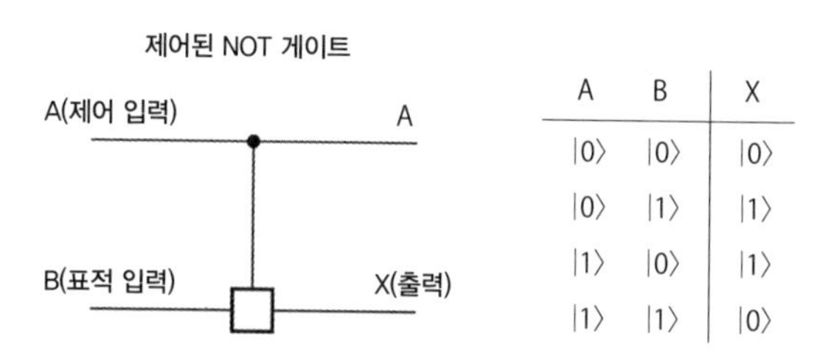

A	B	X
|0⟩	|0⟩	|0⟩
|0⟩	|1⟩	|1⟩
|1⟩	|0⟩	|1⟩
|1⟩	|1⟩	|0⟩

도판 7-8 · 제어된 NOT 게이트

능해서 이를 최대한 활용해 연산을 할 수 있기 때문이다.

양자 게이트의 일종으로 제어된 NOT 게이트라는 것이 있다. 입력으로 제어 입력 A와 표준 입력 B가 있어서, A가 0이라면 B는 입력과 같은 것을 출력하지만 A가 1이라면 B는 입력을 반전해 출력하는 게이트다(도판 7-8). 여기에서 중요한 점은 이 제어된 NOT 게이트의 입력을 중첩 상태로 만들 수도 있다는 것이다.

입력이 중첩 상태일 때의 출력은 중첩이 아닌 0 또는 1의 개별 상태를 입력했을 때의 결과에 중첩의 '가중치'를 더한 형태가 된다. '가중치'란 수식으로 적었을 때 각각의 항에 붙이는 계수에 해당하며, 0 상태가 몇 퍼센트, 1 상태가 몇 퍼센트 섞여있는지를 나타낸다. 고전적 컴퓨터가 0 또는 1의 입력별로 별개의 계산 프로세스를 실행하는 데 비해 게이트 머신은 이 계수가 어떻게 변화하는지를 봄으로써 1회의 프로세스로 다양한 입력에 대한 계산을 완료시킨다. 계산의 종착점은 정답이 되는 상태의 가중치가 충분히 큰 출력을 얻는 것이다.

2019년에는 구글사가 초전도 회로를 이용한 양자 컴퓨터로, 세계에서 가장 빠른 슈퍼컴퓨터를 사용해도 1만 년이 걸리는 문제를 200초 만에 풀었다고 발표했다. 라이벌인 IBM의 팀은 이 발표에 대해, 해당 계산 문제는 무작위 양자 회로 샘플링이라는 양자 컴퓨터로 다루기 좋은 유형이며, 계산 방법을 궁리하면 고전적 컴퓨터로도 1만 년이 아니라 이틀 반 만에 풀 수 있다고 반박했다. 그러나 초전도 회로를 단 53개 접속해서 놀라운 양의 계산을 수행한 점은 높게 평가해야 할 것이다.

정답률 0.2퍼센트로부터의 도전

그렇다면 양자 논리 게이트를 이용한 게이트 머신은 앞으로 현재의 컴퓨터보다 몇 자릿수 더 빠른 연산 속도를 자랑하는 초특급 컴퓨터로 보급되게 될까? 이와 관련해서는 그렇게 간단한 문제가 아닐 것으로 생각하는 전문가가 많다. 그 이유는 중첩 상태의 불안정함에 있다.

중첩 상태를 유지하기 위해서는 외부에서 충격이나 열이 발생하는 일을 억제할 뿐만 아니라 이용하는 소자에 불순물 등의 결함이 없어야 한다. 이론대로 작동하지 않으면 계산 오류가 발생한다. 구글이 만든 머신의 경우, (1비트 소자로) 1단계당 0.16퍼센트의 비율로 계산 오류가 발생한다고 한다. 소자의 조합과 계산의 단계수를 고려하면 구글이 수행한 것과 같은 수준의 계산에서 '올바른' 답을 얻을 확률은 0.2퍼센트 정도, 즉 1,000회 계산하면 998회는 틀린 답을 얻는 셈이 된다.

이런 오류가 발생하지 않도록 양자 컴퓨터에서는 오류를 수정하는 시스템이 필수가 된다. 계산 오류가 발생해도 그때마다 수정하면서 계산을 진행하는 방식이다. 그러나 장치가 점점 대형화하고 계산량이 계속 증가하면 오류의 확률이 대폭 높아져 전부 수정할 수 없게 될 것이라는 예측도 있다. 그렇게 되면 양자 컴퓨터는 잘못된 답만을 토해내는 쓸모없는 컴퓨터로 전락하고 만다.

오류를 줄이는 것 이외에 양자 게이트의 수를 늘려서 대형화하는 것이 기술적으로 어렵다는 점도 있다. 설령 게이트 머신이 실용화된다 해도 앞으로 수십 년은 걸릴 것이다.

또 하나의 양자 컴퓨터

중첩 상태를 논리 게이트로 이용하는 게이트 머신 이외에 어닐링 머신이라는 또 다른 유형의 양자 컴퓨터가 있다. '조합 최적화 문제'에 특화한 머신으로, 이쪽은 이미 실용화 단계에 들어가 제품이 판매되고 있다.

조합 최적화 문제란 예를 들면 '트럭으로 배송처 여러 곳에 택배를 배송할 때, 출발점에서 도착점까지 어떤 경로로 이동하는 것이 가장 효율적인가?' 같은 것이다. 경로별로 연료비 등의 비용을 지정하고 '비용이 최소화되는' 최적의 경로를 찾아낸다. 이때 트럭이 여러 대일 경우라든가 고속도로 통행료 또는 도로 정체 현황, 배송처의 우선도, 운전사의 피로도 등을 감안해야 해서 비용을 나타내는 식이 복잡해지는 상황도 가정된다.

물질세계에는 비용을 최소화하는 경로를 빠르게 찾아내는 방식이 있다. 예를 들어 굴절률이 장소에 따라 변화하는 매질에 광선을 조사하면 페르마의 원리에 따라 광학적 거리가 최소가 되는 경로로 전파된다. 이는 하위헌스의 원리에 따라 빛의 요소파가 나아갈 때, 광학적 거리가 최소가 되지 않는 경로에서는 상호 간섭으로 요소파가 상쇄되고 최단 거리의 경로를 나아가는 빛만이 살아남기 때문이다.

철사 등으로 만든 프레임을 비눗방울 용액에 담갔다가 들어 올리면 막이 생기는데, 이 막은 프레임을 바깥 둘레로 삼는 면 중에서 면적이 최소가 되는 것이다. 프레임이 3차원으로 휘어져 있을 경우 수식을 사용해 최소 면적의 도형을 구하기는 어렵지만, 자연계에서는 물리법칙에 따라 자동으로 최소 면적이 실현된다. 그 이유는 표면장력에 따라 얇은 막이 갖는 탄성에너지가 면적에 비례하기 때문이다.

갓 생긴 막은 작은 진폭으로 진동하며, 막의 에너지는 진동에너지와 탄성에너지의 합이 된다. 그런데 진동에 동반되어 발생한 열이 주위에 흩어지기 때문에 막의 에너지는 점차 감소하고, 이에 대응해 액체가 이동한다. 그리고 최종적으로 진동이 가라앉으면, 탄성에너지가 최저가 되는 최소 면적의 상태로 정착하는 것이다.

자연계의 물리현상에서 보이는 이런 현상을 양자 효과를 사용해 시뮬레이션하는 것이 어닐링 머신이다. 다만 가능한 모든 경로에 대해 비용을 계산하기는 어렵다. 기준이 되는 경로를 사전에 부여해 놓고 경로를 변경했을 때 비용이 줄어드는지 아닌지를 조사하는 방법으로 계산을 진행한다. 그래서 반드시 최적해를 얻을 수 있는 것은 아니며, '기준 경로에 가까운 경로로 한정한다'는 조건에서의 부분 최적해를 구하게 된다.

어닐링 머신은 조합 문제밖에 풀지 못하며, 게다가 반드시 최적해를 얻을 수 있는 것도 아니다. 계산 속도도 게이트 머신처럼 압도적으로 빠르지는 않다. 다만 이미 실용 단계라는 점에서 우위성이 있다.

한편 게이트 머신은 논리연산으로 풀 수 있는 모든 문제에 대응 가능하며, 제대로 작동한다면 어닐링 머신과는 비교도 안 될 만큼 빠른 속도로 계산을 진행할 수 있다. 그러나 실용화되기까지 장벽이 높다는 과제가 남아있다. 현재는 몇몇 그룹이 개발한 소형 머신을 사용해 유용성에 대한 실증 실험을 진행하고 있다.

현실 사회에는 조합 문제에 해당하는 과제가 다수 존재하기에 어닐링 머신의 유용성은 의심할 여지가 없다. 반면에 게이트 머신은 한동안 연구자들의 장난감 이상은 되지 못할 것이다. 세상에는 핵융합 발전이나 유인 행성 탐사처럼, 20세기 중반부터 머지않은 미래에 실현 가능하다고 이야기되었으나 아직까지 갈피를 잡지 못하고 있는 기술이 있는데, 게이트 머신이 그런 기술 중 하나가 되지 않기를 바란다.

(내 입장에서는 게이트 머신이 계산 오류를 연발하고 그 오류가 왜 발생했는지 분석함으로써 중첩 상태의 붕괴에 관해 이론적 해명이 진행되는 쪽이 더 재미있는 전개이기는 하지만…….)

제8장 역사는 분기하는가?

양자론의 기묘한 주장 중 하나로 '인간이 관측하기 전까지는 무슨 일이 일어나고 있는지 확정할 수 없다'는 것이 있다. 슈뢰딩거의 고양이도 이런 주장에 입각한 것으로, 인간이 상자 속을 들여다보기 전까지는 고양이가 살아있는지 죽었는지를 확률적으로만 알 수 있다. 다만 '알 수 없다'라고 말할 뿐이라면 딱히 신기하지는 않다. 예전에는 물리학자들 중에도 '관측 전의 고양이는 살아있는 상태와 죽은 상태가 중첩되어 있다'고 주장하는 사람이 있었지만, 지금은 이런 주장에 대해 '그렇지 않다'고 부정하는 것이 물리학의 정론이다.

원자보다 훨씬 거대한 물체의 경우, 양자론적인 중첩 상태는 불안정하다. 최첨단 기술을 사용해서 만든 SQUID 같은 장치도 충분히 냉각하고 충격이 가지 않도록 주의해서 다루지 않으면 중첩 상태가 즉시 붕괴되고 만다. 하물며 살아있는 고양이와 죽은 고양이가 중첩해서 존재하기는 불가능하므로, 굳이 인간이 관측하지 않더라도 중첩은 붕괴되고 어느 한쪽 상태로 정착된다.

고양이가 계속 살아가는 과정과 도중에 죽는 과정은 상호 배타적으로 어느 한쪽만이 실현된다. 그러나 SQUID 같은 정밀 부품을 사용하면 다른 양자 상태의 중첩을 통해 양자 컴퓨터가 작동하므로 중첩된 채로 물리적인 과정이 진행된다고 생각해야 할 것이다. 그렇다면 중첩이 붕괴되는 경우와 지속되는 경우는 이론적인 취급을 각각 어떻게 달리해야 할까?

이 의문을 둘러싼 논의는 보어와 아인슈타인의 논쟁까지 거슬러 올라간다. 당시에는 정확한 답을 알지 못했지만, 20세기 후반이 되어서 명확한 지침이 주어졌다. 그 키워드는 '탈간섭'이다.

'어느 쪽을 통과했는가?' 실험

제1부에서도 소개했던 이중 슬립을 이용한 간섭 실험을 다시 한번 살펴보도록 하겠다(75쪽 도판 3-1 참조). 19세기 초엽에 실시된 토머스 영의 실험에서는 슬릿판에 구멍 2개를 나란히 뚫은 이중 슬릿에 빛을 조사하자 그 뒤의 스크린에 짙고 옅

은 줄무늬로 구성된 간섭무늬가 나타났다. 이것은 회절한 두 광선이 서로 간섭했음을 의미하며, 빛이 파동임을 결정짓는 실험으로 여겨졌다. 그런데 드 브로이의 질량파 이론이 나온 직후인 1927년, 처음에는 일정 질량과 전하를 가진 입자로 생각되었던 전자도 빛과 마찬가지로 간섭무늬를 그린다는 사실이 판명되었다.

전자빔의 경우는 파장이 짧은 탓도 있어서 간섭무늬를 관측할 수 있는 슬릿판을 제작하기가 어렵다. 그래서 진공 속에 원자 2개를 나란히 띄우고 전자빔을 조사하는 방식으로 실험하는 경우가 많다. 원자는 전자를 산란시키기에 슬릿을 이용한 빛의 회절과 같은 현상이 관측된다. 다만 여기에서는 이야기를 단순화하기 위해 전자를 이용한 실험에서도 빛과 마찬가지로 '슬릿을 통과하는' 상황을 가정했다.

흥미로운 점은 전자빔의 밀도를 낮춰서 전자 하나하나가 따로따로 스크린에 도달하도록 조정하더라도 스크린에 전자가 충돌한 흔적을 집계하면 짙고 옅은 간섭무늬가 된다는 것이다. 이는 전자의 간섭이 한 전자와 다른 전자가 상호작용한 결과로 발생하는 것이 아님을 말해준다.

1개씩 방출한 전자가 스크린 위에 간섭무늬를 그렸을 때, '만약' 전자가 입자라면 당연히 어느 한쪽 슬릿을 통과해 스크린에 도달했다고 생각할 수 있다. 그렇다면 어떤 방식의 실험을 통해서 개별적인 전자가 '어느 쪽 슬릿을 통과했는지'를 특정할 수 있을까? 이 '어느 쪽을 통과했는가?' 실험 문제는 1세기 가까이 계속 논의되어 왔다.

제4장에서 제6회 솔베이 회의에서 보어와 아인슈타인이 벌였던 논쟁을 소개했는데, 그에 앞서 제5회 솔베이 회의에서는 '어느 쪽을 통과했는가?' 실험이 가능한지를 둘러싸고 논쟁이 벌어졌다.

슬릿판이 움직이도록 하면……

보어는 전자나 광자가 보여주는 입자성과 파동성이 '배타적', 다시 말해 한쪽이 표면화되면 다른 쪽은 소실되는 관계라고 여겼다. 그리고 어느 쪽 슬릿을 통과했는지 관측하는 것은 입자성의 확인에 해당하므로, 통과한 경로를 관측하면 파동성의 발현인 간섭무늬는 소실될 거라고 생각했다. 간섭무늬가 생길 때 전자의 통로를 실험으로 밝혀내는 것은 절대 불가능하다는 주장이다.

이 생각에 비판적이었던 아인슈타인은 전자 자체를 관측 대상으로 삼지 않는 방법을 고안했다. 전자가 통과한 뒤에 실험 장치를 관측함으로써 전자의 상태를 교란하지 않고도 무슨 일이 일어났는지 밝혀내는 방법이다. 슬릿을 통과할 때 전자는 슬릿판으로부터의 힘에 의해 운동 방향을 바꾸므로, 작용-반작용의 법칙에 따라 슬릿판에 운동량을 부여한다. 따라서 전자가 통과한 뒤에 슬릿판의 움직임을 관측하면, 이중 슬릿 실험의 세팅을 바꾸지 않고도 어느 쪽 슬릿을 통과했는지 확정할 수 있을 터이다.

아인슈타인의 이런 비판에 대해 보어는 그 자리에서 반박하지 못하고 회의에 같이 참석했던 하이젠베르크와 파울리에게 의견을 구했다. 두 사람은 비는 시간에 이에 관해 이야기를 나누고 얻은 답을 보어에게 전했고, 보어는 저녁 식사 자리에서 그 회답을 아인슈타인에게 전달했다.

보어 진영이 내놓은 회답의 포인트는 전자가 어느 쪽을 통과했는지 확정하려면 슬릿판이 전자로부터의 반작용을 받아서 움직일 정도의 가동성을 갖춰야 한다는 것이었다(도판 8-1). 슬릿판이 움직이게 됨으로써 슬릿을 통과할 때 전자의 운동 상태가 영향을 받는다. 어느 쪽 슬릿을 통과했는지 확정할 수 있을 만큼 슬릿판의 가동성이 클 경우 스크린 위에서 파동이 어떻게 변화할지를 계산하면 각각의 슬릿에서 오는 파동끼리의 간섭 조건이 충족되지 않아서 간섭무늬가 소실된다는 것이다.

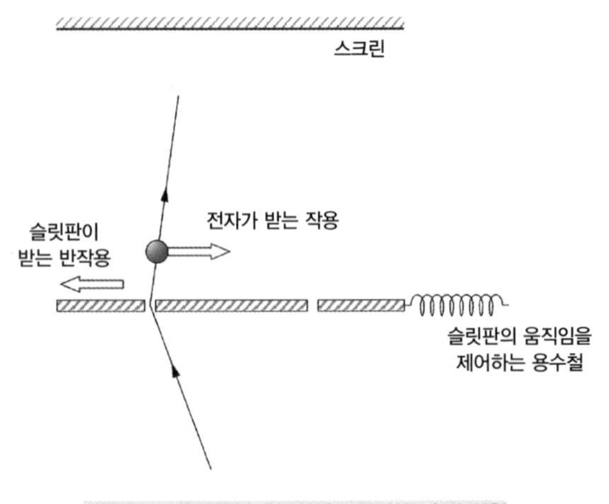

도판 8-1 • 슬릿판이 움직이게 만든 이중 슬릿 실험

이 회답에 대해 아인슈타인은 유효한 반론을 제기하지 못했고, 이 때문에 보어 진영이 논쟁에서 승리한 것으로 보이게 되었다.

정말로 보어 진영이 승리했을까?

이중 슬릿 실험에서는 전자가 '어느 쪽을 통과했는가?'를 결정할 수 있게끔 슬릿판이 움직이게 하면 간섭무늬가 사라진다. 입자의 궤도를 관측하면 간섭무늬라는 파동의 성질이 사라지기 때문에 이를 '입자성과 파동성은 배타적'이라는 보어 진영의 주장을 뒷받침하는 결과로 받아들이는 사람도 많다.

또한 '무슨 일이 일어나고 있는지 알려면 관측을 해야 하는데, 관측하면 대상의 상태가 교란되기 때문에 결국 무슨 일이 일어났는지를 객관적으로 해명할 수는 없다'라는, 주로 하이젠베르크가 강조한 견해를 지지하는 것처럼 보이기도 한다.

그런데 정말 그럴까? 보어(라기보다는 하이젠베르크와 파울리)의 회답을 좀 더 자세히 살펴보도록 하자. 여기에서는 세 가지 포인트로 나눠서 생각해 보려 한다.

1. 입자성과 파동성은 배타적인가?
2. 인간의 관측은 필요한가?
3. 실제로 어느 쪽을 통과했는가?

입자성과 파동성은 배타적인가?

이중 슬릿 실험에서 발생하는 간섭무늬는 틀림없이 파동성의 발현이다. 그러나 슬릿판을 움직이도록 한 결과 발생하는 간섭무늬의 소실을 입자성의 발현으로 간주해도 되는지는 그렇게 명확하지 않다. 애초에 솔베이 회의에서 하이젠베르크와 파울리가 했던 것은 간섭 조건에 관한 대략적인 어림셈에 불과했으며, 전자의 파동함수가 구체적으로 어떻게 되는지까지는 구하지 않았다.

슬릿판이 움직이도록 만들었을 때의 파동함수를 슈뢰딩거 방정식을 사용해서 계산한 것은, 처음 문제가 제기된 지 약 반 세기 후인 1970년대 말이 되어서였다. 이런 계산에서는 슬릿판 자체가 양자론적인 대상이 되기 때문에 위치나 속도가 확정되지 않으며, 전자가 충돌하기 전부터 어느 정도 속도를 지니고 있을 터이다. 이 점까지 고려해서 계산한 결과, 전자가 통과한 뒤 슬릿판의 움직임만으로 전자가 어느 쪽 슬릿을 통과했는지를 확실히 결정하기는 어려우며, 고작해야 한쪽 슬릿을 통과했을 확률이 몇 퍼센트냐는 식으로 추정하는 수밖에 없음을 알게 되었다. 게다가 그럴 경우 간섭무늬는 밝은 선과 어두운 선의 차이가 줄어들어 전체적으로 모호해지지만, 줄무늬가 완전히 소실되지는 않고 옅게나마 남아서 '무딘' 간섭무늬가 된다(도판 8-2).

도판 8-2 • '무딘' 간섭무늬

이런 간섭무늬의 변화는 연속적으로 일어난다. 통과한 슬릿을 특정하기 쉽도록 슬릿판의 가동성을 높이면 간섭무늬의 강약의 차이는 줄어든다. 그리고 통과한 슬릿을 100퍼센트 확실하게 특정할 수 있는 극한에 이르면 마침내 강약의 차이가 사라져 줄무늬가 완전히 소실된다.

이 계산 결과는 파동성과 입자성이 엄밀히 배타적인 것이 아니라 어느 정도 범위에서 공존할 수 있음을 의미한다. 언뜻 기묘하게 생각되는 결과일지도 모르지만, 양자장론의 개념에 따라 전자를 애초에 입자가 아닌 전자장의 파동으로 간주하면 그다지 기묘한 일은 아니다. 전자장의 파동은 크기가 원자와 같은 수준이라면 원자핵 주위에 정상파를 형성하는 등의 형태로 파동성이 명료해진다. 그러나 원자보다 훨씬 거대한 규모가 되면 보통은 다양한 에너지의 흐름이 있어서 진동수가 다른 파동이 간섭하기 때문에 간섭무늬 같은 뚜렷한 파동성은 사라지고 만다.

원자보다 거대한 규모에서 양자론적인 파동성을 표면화하려면 이중 슬릿처럼 나름 정밀한 실험 장치를 준비해야 한다. 설령 제대로 작동시켰을 때 간섭무늬가 발생하는 장치라 해도 각 부분이 확실히 고정되어 있지 않으면 간섭무늬가 선명해지는 조건이 충족되지 않아서 줄무늬가 흐릿해진다. 슬릿판을 움직이도록 만들었을 때 간섭무늬가 사라지는 것은 이와 같은 유형의 현상으로, 그다지 놀라운 사건이 아니다. 굳이 '입자성이 관측되도록 설정을 했기 때문에 입자성과는 배타적인 관계에 있는 파동성이 소실되었다' 같은 번거로운 해석을 할 필요가 없다.

파동성과 입자성이 반드시 배타적이지는 않음을 보여주는 사례는 공학적인 응용 분야에서 많이 찾아볼 수 있다. 현재의 반도체 기술은 아주 작은 크기의 가공을 가능케 했다. 기판 표면에 소재 분자를 얇게 내뿜음으로써 두께가 나노미터 정도인 얇은 막을 만드는 기술도 개발되었다. 이런 얇은 막의 내부에 전류를 흘려 넣을 경우, 막의 표면과 수직인 방향으로는 전자의 파동이 갇히게 되어 얇은 막의 중앙 부근에 마루가 있는 정상파가 형성된다. 그러나 수평 방향으로는 파동이 갇히지 않기 때문에 마치 입자인 듯이 전자가 이동한다. 요컨대 하나의 현상 속에서 수직 방향으로는 파동, 수평 방향으로는 입자라는 이중성을 체현하는 것이다.

나노 스케일로 가공한 반도체에서는 전자가 특정 영역에 갇혀 에너지가 일정한 상태가 되거나 터널 효과로 퍼텐셜의 장벽을 투과하는 등 파동적인 현상이 도처에서 나타난다. 한편 전도 경로가 되는 부분에서는 입자처럼 이동한다. 파동성과 입자성이 동시에 나타나는 경우는 그렇게 드물지 않다.

인간의 관측은 필요한가?

지금까지의 설명에서 알 수 있듯이 이중 슬릿 실험에서 슬릿판을 움직이도록 만들었을 때 간섭무늬가 소실되는 이유는 인간이 관측을 했기 때문이 아니라 실험 장치가 간섭무늬를 만들어 내도록 설정이 되지 않았기 때문이다.

초기의 양자론이 물리학자뿐만 아니라 철학자들의 관심도 끌었던 이유는 물리현상을 논할 때 인간의 역할을 무시할 수 없다는 식으로 이론이 구축되었기 때문이다. 인간이 어떤 관측을 하느냐에 따라 물리적인 상태가 좌우된다는 견해로, 마치 인간으로부터 독립된 객관적인 물리적 실재가 엄연히 존재한다는 자연관을 부정하는 듯했다.

보어와 하이젠베르크 등이 주장한 이런 철학적인 이론은 과거에 크게 유행했지만, 현재는 그다지 중요시되지 않는다. 거대 가속기를 이용한 소립자 실험에서는 소립자끼리의 충돌로 일어나는 현상을 드래프트 체임버(입자의 위치를 검출하는 장치)나 전자기 칼로리미터(입자의 에너지를 측정하는 장치) 등 다수의 센서로 측정하고 여기에서 얻은 데이터를 컴퓨터로 해석하기에 인간이 관측할 필요가 없다.

20세기 초엽에는 전자의 이동 같은 양자론적인 과정 자체의 관측은 불가능하다고 생각되었다. 인간이 얻을 수 있는 것은 거시적인 실험 장치를 통해 얻은 소수의 데이터뿐이었으며, 그 데이터의 해석을 둘러싸고 논란이 벌어졌다. 그러나 현재는 관측 장치의 진보로 분자의 결합 과정을 실시간으로 관측할 수 있는 경우도 있다. 양자 효과 중에는 초유동(극저온으로 만든 액체가 용기의 벽을 타고 올라가서 흘러넘치는 현상)이나 마이스너 효과(초전도체가 완전 반자성을 나타내는 효과로, 자기부상을 가능케 한다) 등 규모가 거시적이어서 육안으로 파악할 수 있는 것도 있다.

마이스너 효과가 발현되면 그것만으로 전도 전자와 원자 진동의 에너지양자인 포논(108쪽 참조)이 초전도를 실현하는 특수한 양자론적 상태(보스-아인슈타인 응축)가 된다는 사실이 밝혀졌다. 따라서 자기장 내부에서 냉각된 물체가 떠오르는 현상을 보는 것은 엄연히 양자론적 관측이라고 할 수 있는데, 보는 것만으로 대상에 어떤 물리적 영향을 끼친다고는 생각할 수 없다.

용액이 특정한 색을 나타내는 것은 분자의 주위에 이온이 모여 전자의 에너지를 변화시키는 데서 기인하는 양자 효과다. 고등학교 화학 수업에서도 사용되는 '적정(滴定)'이라는 실험 수법의 경우, 시약의 방울을 계속 떨어트렸을 때 어떤 단계에 색이 급변함으로써 임계 농도에 도달했음을 알 수 있다. 재미있는 점은 임계 농도에 도달하기 직전에 시약 방울을 떨어트린 곳 주위에서 농도가 요동쳐 국소적으로 색이 변하는 모습을 볼 수 있기에 다음 한 방울로 임계 농도에 도달할 것임을 예측할 수 있다는 사실이다. 용액 내부의 양자론적 변화를 실시간으로 관측할 수 있는 실험이다. 보어나 하이젠베르크는 이 실험을 어떻게 해석할까?

실제로 어느 쪽을 통과했는가?

이중 슬릿 실험에서 간섭무늬가 생겼을 때 전자가 어느 쪽 슬릿을 통과했는지 실험적으로 결정하는 것은 어려운 일이다. 관측에 필요한 장치를 설치하기만 해도 간섭 조건이 파괴되어 간섭무늬가 소실되고 만다.

그렇다면 '간섭무늬를 만들어 낸 양자론적인 과정이 어떤 것인지는 절대 밝혀낼 수 없다', '이런 과정에는 애초에 객관적인 실재성이 없다'라고 생각해야 할까? 그렇다고는 할 수 없다. 일반적으로 간섭무늬는 각 슬릿을 통과해서 온 파동이 스크린이 놓인 지점에서 겹침으로써 만들어지는 것이다. 따라서 전자의 이중 슬릿 실험에서도 전자의 파동이 둘로 나뉘어서 슬릿을 통과했다고 생각하는 것이 합리적이다.

지금 '전자가 둘로 나뉜다니, 그런 일은 있을 수 없다'고 말하고 싶은 사람도 있을지 모르겠다. 하지만 그것은 원자론적인 자연관에 지배당한 생각이나 마찬가지다. 양자장론에서 전자라는 입자는 존재하지 않는다. 전자의 장이 존재할 뿐이다. 따라서 전자의 장에 생긴 파동이 둘로 나뉘어서 슬릿을 통과했다고 해도 이상한 일은 아니다. 물론 '전자 수'에 관한 보존 법칙은 충족시켜야 한다. 다만 전자 수란 전자를 '1개, 2개, ……'라고 셀 때의 개수를 말하는 게 아니다. 양자장론에서 전자 수는 장의 값을 어떤 조합으로 적분한 결과를 나타낸다. 적분은 다양한 지점에서의 값을 더해나가는 조작으로, 전자 수를 정의할 때 하나로 뭉친 입자의 존재가 전제되는 것은 아니다.

게다가 전자의 장은 디랙이 밝혀냈듯이 4개의 성분을 지니고 있으며, 그중 두 성분은 플러스의 전자 수를 갖지만 나머지 두 성분은 전자의 반입자인 양전자로서 마이너스의 전자 수를 갖는다. 실험을 시작한 단계의 전자 수가 1이었다고 가정하면 이후의 과정에서는 온갖 지점에서의 플러스의 기여와 마이너스의 기여를 전부 더한 값이 1이 되도록 파동의 전파 방식이 제한된다. 이것이 전자 수 보존 법칙으로, 원자론적인 개수의 보존 법칙과는 다르다.

간섭무늬가 생기는 과정에서는 전자가 파동으로서 2개의 슬릿을 함께 통과한다. 이 2개의 파동이 합류해서 간섭무늬를 만들기 때문에, 각 슬릿을 통과하는 파동을 개별적으로 생각해서는 물리현상을 올바르게 기술할 수 없다. 합쳐서 하나의 사건인 것이기에 '실제로 어느 쪽을 통과했는가?'라는 질문은 물리적으로 의미가 없다.

간섭하는 과정은 하나의 '역사'다

간섭무늬가 생길 때 전자가 한쪽 슬릿만을 통과해서 스크린에 도달했다고 볼 수는 없다. 전자의 4개 성분이 복잡하게 얽히면서 둘로 나뉘어 전파하여 슬릿을 통과한 것이다. 간섭무늬는 각각의 슬릿을 통과하는 파동이 서로 간섭하는 것을 나타낸다.

예를 들어 골짜기를 흐르는 시냇물의 흐름이 도중에 바위에 부딪혀 둘로 갈라졌다가 다시 합류하는 경우를 생각해 보자. 이때 시냇물의 흐름이 일시적으로 갈라졌다고 해도 둘로 갈라진 흐름을 합쳐서 하나의 사건으로 봐야 한다.

이와 마찬가지로 이중 슬릿 실험에서 전자의 상태를 시간의 흐름에 따라 논할 때는 도중에 슬릿 2개를 통과한 것을 포함해서 하나의 분리 현상으로 보는 것이 정당하다. 과거에는 '어느 쪽 슬릿을 통과했는지 확정할 수 없으므로 스크린에 도달하기 이전에 무슨 일이 일어났는지를 인간이 논의하기는 불가능하다'라는, 철학적으로도 보이는 주장이 있었다. 그러나 이는 '전자는 입자다'라는 원자론적인 발상에 사로잡힌 편견에 불과하다. '전자는 파동이며, 상황에 따라 입자처럼 움직일 때도 있다'라는 양자장론의 개념을 채용한다면 어떤 슬릿을 통과했는지 결정하지 못하더라도 아무런 모순이 없다.

간섭무늬가 생기는 이중 슬릿 실험에서는 전자의 파동이 둘로 나뉘어서 각각의 슬릿을 통과한 뒤 합류하는 과정 전체가 하나의 물리현상을 나타낸다. 이처럼 시간축에 따라서 기술된 한 덩어리의 현상을 원자론적인 '역사'라고 불러도 무방할 것이다.

원자론에서는 전자가 어떤 궤도를 그리며 운동했는지를 기술하지 못한다. 이것은 인간 이성의 한계라거나 객관적 실재성의 결여 같은 게 아니다. 전자가 파동임을 나타내며, '파동이기 때문에 궤도를 그리지 않는다'라고 해석해야 한다. 파동으로서의 상태 변화까지 포함한 기술이라면 양자론으로 '역사'를 이야기하는 것은 가능하다. 1970년대부터 여러 물리학자가 양자론적인 역사의 기술이 가능하다고 주장했으며, 현재는 정설까지는 아니더라도 상당히 유력한 견해로 학계에서 널리 지지를 받고 있다. 가장 유명한 것은 1984년에 로버트 그리피스가 제창한 '정합적 역사(consistent histories)'라는 아이디어로, 이중 슬릿 실험 같은 특정한 과정에 관해 구체적으로 시간 변화를 기술하는 방법을 다뤘다. 이중 슬릿 실험에서는 각각의 슬릿을 통과하는 전자의 파동이 간섭하기 때문에 이것을 나눠서 개별적으로 생각할 수 없다. 둘을 합친 것이 하나의 정합적 역사인 것이다. 이 아이디어를 일반화하면, 간섭할 가능성이 있는 부분적인 과정은 전부 하나의 '역사'로 합쳐야 한다고 생각할 수 있다.

그렇다면 서로 간섭하지 않게 된 과정은 무엇을 나타낼까? 이런 '탈간섭'을 볼 수 있는 예로 다시 슈뢰딩거의 고양이 사례로 돌아가자.

간섭하지 않는 역사라면 분기하는가?

제7장에서 슈뢰딩거의 고양이에 관해 이야기했을 때는 '중첩 상태가 안정적인가 아닌가?'라는 관점에서 다뤘다. 그런데 양자론적인 '역사'를 문제로 삼을 경우는 고양이의 상태 변화가 시작되기 전의 단계에 주목해야 한다.

독가스 발생 트리거로 중성자의 베타붕괴를 이용했을 경우, 베타붕괴가 일어난 뒤에는 양성자·전자·반뉴트리노의 장에 파동이 발생했지만, 일어나기 전에는 중성자의 장에만 파동이 있었다. 베타붕괴가 일어나기 전과 일어난 후는 파동을 나타내는 식의 형태가 완전히 다른 개별적인 상태이며, 이 둘을 겹쳐서 안정시키기는 불가능하다. 그렇다면 어떤 시각에는 베타붕괴가 일어난 상태와 일어나지 않은 상태는 서로 간섭하지 않는 별개의 역사를 나타낸다고 생각할 수 있다.

'별개의 역사'라고 말하면 '제2차 세계대전의 승자가 연합국인 역사와 추축국인 역사' 같은 평행 우주(Parallel World)를 떠올리는 사람이 있을지도 모른다. 그러나 양자론적인 역사의 수는 이런 SF적인 평행 우주와는 비교할 수 없을 만큼 방대하다.

베타붕괴가 일어나는 사례에서는 초보다 몇 자리는 짧은 순간마다 다른 역사로 분기하게 된다. 화학반응의 경우도 반응 전후의 상태는 서로 간섭하지 않으므로, 세계 어딘가에서 분자 1개가 화학반응을 일으킬 때마다 별개의 역사가 탄생한다. 이런 무수한 역사가 전부 평행 우주로 실존한다고는 도저히 믿기 어렵다. 베타붕괴나 화학반응 같은 간섭하지 않는 상태로의 변화(탈간섭)에 따라 구별되는 역사는 식으로 표현될 뿐인 가상적인 것으로, 실제로는 그중 하나가 실현된다고 생각하는 것이 타당하다.

고립 중성자를 트리거로 사용한 슈뢰딩거의 고양이 사례에서는 고양이를 상자에 집어넣은 뒤 10분이 경과했을 때 고양이가 살아있는 역사가 실현될 확률이 50퍼센트다. 그리고 나머지 50퍼센트는 어떤 순간에 중성자가 붕괴했느냐에 따라 분기하는 무수한 역사 가운데 어느 하나가 실현될 확률의 총합이다.

보어나 하이젠베르크의 신봉자라면 '상자의 뚜껑을 열기 전까지 고양이는 양자론적인 중첩 상태에 있고, 뚜껑을 열어서 인간이 관측한 순간에 중첩이 붕괴되어 하나의 사실이 관측된다'고 주장할지도 모른다. 그러나 이 주장은 물리학적으로 철저하지 못하다. 애초에 인간이 물체를 보는 것 자체가 양자론적인 과정이다. 시각(視覺)은 망막에 존재하는 광수용(光受容) 단백질이 광자를 흡수해 입체 구조를 변화시키는 데서 기인한다. 의식을 담당하는 신경 흥분도 세포막에 채워진 거대한 단백질(이온의 흐름을 제어하기 때문에 이온 채널 혹은 이온 통로라고 부른다)의 작용이 만들어 내는 것이다. 둘 다 부정할 수 없는 양자 효과의 발현이다. 따라서 고양이가 양자론적인 중첩 상태에 있다면 인간도 살아있는 고양이를 본 관측자와 죽은 고양이를 본 관측자의 중첩이 될 것이다.

'관측자까지 포함해서 모든 것이 개별적인 평행 우주에 실재한다'라는 해석도 불가능하지는 않지만, 너무나도 비상식적이기 때문에 이를 진지하게 주장하는 물리학자는 거의 없다.

양자론으로 '역사'를 이야기한다

이상과 같이 생각하면 양자론적인 물리현상은 시간축을 따라서 연속적으로 변화하는 '역사'로 다룰 수 있게 된다. 서로 간섭하는 과정은 전부 합쳐서 같은 '역사'라고 생각한다. 탈간섭으로 분기한 과정은 개별적인 '역사'로 간주하고, 현실에서는 그중 하나만이 일어난다고 생각한다. 이 개념을 채용하면 양자론에서도 무슨 일이 일어났는지를 시간축에 따라 기술할 수 있게 된다.

하이젠베르크 등의 이론에서는 인간의 관측이 물리현상의 귀추를 좌우한다. 그러나 상상이 불가능할 정도로 광대한 우주에서 먼지 정도밖에 안 되는 행성에 달라붙어 살고 있는 인간이 그렇게 중요한 역할을 담당한다고는 생각하기 어렵다. 간섭의 유무에 따라 양자론적인 과정을 구별한다는 견해는 내가 아는 한 양자론의 가장 합리적인 해석이다.

제9장 멀리 떨어져 있는데 얽혀있다?

양자론의 비상식성을 강조할 때 자주 언급되는 것으로 '양자 얽힘'이라고 부르는 현상이 있다. 상호작용을 하고 있던 두 양자론적 시스템을 멀리 떨어트려 놓았을 때 각각의 시스템에서 관측되는 양의 상관(positive correlation, 용어의 의미는 뒤에서 설명하겠다)이 고전적인 시스템에서 보이는 상관과 다르다는 성질이다. 해석하기에 따라서는 마치 SF에 등장하는 텔레파시처럼, 멀리 떨어져 있는 시스템이 공간을 초월해서 연락을 주고받는 듯이 보인다. 이런 연락 수단이 현실에 존재한다면 분명 양자론은 상식을 벗어난 기묘한 이론이다.

공간을 순식간에 뛰어넘는 원격 작용의 존재는 장의 이론의 개념과 양립이 불가능하다. 장이론은 공간의 각 지점에 물리현상을 담당하는 장이 실재함을 전제로 삼으며, 나아가 어떤 지점에서 일어난 사건의 영향이 직접 작용하는 것은 인접한 장으로 한정된다고 여긴다. 이것이 '국소 실재론'이라고 부르는 발상이다. 이 발상을 따른다면 먼 곳에 영향을 끼치기 위해서는 중간 경로에 있는 장에 순차적으로 전달되어야 한다. 한 순간에 멀리 떨어진 곳에 작용이 도달하는 일은 있을 수 없다.

근대 물리학 중에는 원격 작용을 인정하는 이론도 있었다. 17세기에 제시된 뉴턴의 중력이론은 어떤 지점에 놓인 중력이 즉시 멀리 떨어진 다른 질량에 힘을 끼치는 형태였다. 이 이론은 발표 직후부터 원격 작용을 오컬트적인 수상쩍은 것으로 느낀 많은 과학자의 비판 세례를 받았다. 다만 이것을 대신할 이론을 아무도 만들어 내지 못했는데, 20세기 초에 아인슈타인이 일반상대성이론을 구축해 뉴턴의 중력이론이 원격 작용이 없는 장이론의 근사임을 보여줬다.

일반상대성이론에 따르면 중력 작용을 전달하는 장은 시간과 공간이 일체화한 시공이다. 어떤 지점에 에너지가 존재하면 그 주위에서 시공이 일그러져 중력을 만들어 낸다. 에너지가 이동했을 경우는 그 결과로 생겨나는 일그러짐의 변화가 인접한 지점에 순서대로 전해진다. 다만 그 전파 속도가 매우 빠른 까닭에 마치 한순간에 공간을 뛰어넘은 것처럼 느껴지는 것이다.

장이론을 바탕으로 만들어진 양자장론도 원격 작용을 용인

하지 않는다. 그렇다면 마치 원격 작용이 일어난 것처럼 보이는 양자 얽힘은 양자장론과 모순되는 별종일까? 제9장에서는 이런 논의가 오해에 기반을 두고 있으며, 양자 얽힘이 존재한다고 해서 멀리 떨어진 양자론의 시스템이 원격 작용으로 이어져 있는 것은 아니라는 점을 주장하고자 한다. 다만 아직은 완전히 해명되지 않았고 학계에서도 의견이 갈리는 단계이기에 양자 얽힘을 명쾌하게 설명하기는 불가능하다. 특히 이 장의 후반에서 다루는 '벨의 한계가 돌파된' 사례에 관해서는 추론을 바탕으로 한 상당히 복잡한 해설이 될 것이다.

양자 얽힘이란 무엇인가?

양자 얽힘은 본래 양자론이 불완전함을 보여주기 위해 아인슈타인과 보리스 포돌스키, 네이선 로젠이 공동 논문인 〈물리적 실재에 관한 양자역학의 기술은 완전하다고 생각할 수 있는가?〉(1935)에서 논한 현상으로, 세 명의 머리글자를 따서 EPR 상관관계라고 부른다.

아인슈타인은 보어와 논쟁을 벌일 때 '상호작용을 하고 있던 두 시스템 중 한쪽을 관측함으로써 다른 쪽의 상태를 조사한다'는 사고실험을 거듭해서 제안했다. 이것은 주목하는 대상에 직접적인 관측 작용을 가하지 않음으로써, 하이젠베르크의 현미경(130쪽 도판 5-1 참조)에서 보인 '관측에 동반되는 교란'을 회피하기 위한 수법이다. EPR 논문에서 다룬 것은 그런 사고실험의 일종으로, 그 논리 전개는 쉽게 반론할 수 없을 만큼 치밀했다.

아인슈타인 등은 상호작용에 따라 특정한 양자 상태가 된 두 입자가 마치 원격 작용으로 서로 연락을 주고받는 듯 움직임을 제시한 뒤, 원격 작용이 존재할 리 없으므로 이는 양자론의 기술이 불완전하다는 증거라고 주장했다. 이에 대해 보어는 즉시 EPR과 같은 제목의 논문을 집필해 반론을 시도했다. 다만 보어의 논문은 무슨 말을 하고 싶은 것인지 도저히 알 수 없을 만큼 지리멸렬한 내용이었기에 나중에 데이비드 봄과 존 스튜어트 벨에게 크게 비판받았다. 또한 파울리나 하이젠베르크는 원격 작용에 관한 EPR의 주장이 원자론에 대한 비판이라기보다 원자론의 특성을 지적한 것이라고 해석해 굳이 반론을 하지 않았다.

EPR의 이론은 입자의 위치와 운동량의 관계에 주목한 것으로, 둘로 나뉜 입자 가운데 한쪽 입자의 위치를 측정하면 다른 쪽 입자의 위치가, 한쪽 입자의 운동량을 측정하면 다른 쪽 입자의 운동량이 확정되는 관계를 논했다. 양자 얽힘이 있을 경우, 이처럼 본래 상호작용하고 있었던 두 시스템을 멀리 떨어트렸을 때 한쪽의 상태를 측정하면 다른 쪽의 상태를 즉시 알 수 있는 관계가 성립한다. 특히 중요한 점은 처음 측정할 때 위치냐 운동량이냐는 식으로 측정 대상을 자유롭게 선택할 수 있다는 것이다. 멀리 떨어진 입자에 대해 어떤 측정을 하느냐가 직접 측정하지 않은 입자의 상태에 관한 기술을 좌우하므로, 양자론에 원격 작용이 존재한다고 말하고 싶어지는 것도 이해는 된다.

그러나 EPR 논문에 실린 실험은 실제로 수행하기가 어렵고, 게다가 그 실험으로 무엇이 분명해졌는지가 확실하게 보이지 않는다. 그래서 후속 연구자들은 EPR의 이론을 일반적인 형식으로 고쳐 쓰고 어떤 유형의 실험을 해야 할지에 관해 논했다. 이런 연구에서 밝혀진 것은 단일 실험으로는 양자 얽힘을 충분히 조사할 수 없으며, 계속 반복 실험함으로써 통계적인 데이터를 모아야 한다는 것이었다.

새로 제안된 EPR 상관관계의 실험 가운데 가장 알기 쉬운 것은 광자의 편광 상태를 측정하는 실험으로, 데이비드 봄이 상세하게 논했다. 편광이란 전자기장의 진동이 특정한 방향으로 치우친 상태로, 특히 전기장이 정해진 한 방향으로만 진동하는 상태는 직선 편광이라고 부른다. EPR 논문처럼 입자의 위치를 문제로 삼으면 아무래도 '그 위치에 입자가 존재한다'

는 이미지를 그리게 된다. 그러나 실제로 논하는 것은 '수없이 실험을 거듭해 반복적으로 위치를 측정했을 때의 통계적인 데이터'로, '그곳에 입자가 있다'라는 명제와는 물리적인 의미가 상당히 다르다. 그런 의미에서 광자의 편광 상태를 측정 대상으로 삼으면 위치 등 '입자가 어딘가에 존재한다' 같은 기존의 이미지에 얽매이지 않게 되므로 이해가 쉬워진다.

두 광자가 다른 방향으로 편광하고 있을 경우, 각각의 편광 상태에 관한 양자론적인 기술은 수식상에서 위치와 운동량의 관계와 같은 형태가 된다. 따라서 위치와 운동량 대신 편광 상태를 채용해도 EPR의 이론이 정당한지 여부를 검증할 수 있다.

빛을 사용해서 양자 얽힘을 조사하다

봄은 한 원자에서 같은 편광 상태가 된 두 광자가 방출되는 경우를 생각했다. 두 광자가 서로에게 영향을 끼치지 않을 만큼 멀리 떨어졌을 때 각각의 편광 상태를 관측하면 어떤 결과를 얻을 수 있는지를 이론적으로 구한 뒤, 그때까지 보고되었던 다양한 실험의 데이터와 비교한 것이다.

이야기를 단순화하기 위해 직선 편광으로 한정해서 설명하겠다. 빛은 전자기장의 진동이 공간의 내부를 전파해 나가는 파동인데, 직선 편광에서는 전기장과 자기장이 진행 방향에 대해 수직인 특정 방향으로 진동한다. 자기장은 전기장에 대해 항상 직교하므로 전기장의 방향을 직선 편광의 방향으로 간주해도 무방하다.

봄이 언급한 사례에서는 원자로부터 방출될 때 두 광자가 같은 방향의 직선 편광이 되지만, 그것이 어떤 방향이 될지는 관측하기 전까지 알 수 없다. 이때의 일반적인 관측 방법은 편광판을 사용하는 것이다. 편광판은 표면의 분자를 일정 방향으로 배향(配向)함으로써 정해진 직선 편광의 빛만을 투과시키도록 만든 광학적 도구다. 투과시키는 편광의 방향을 편광판의 투과축이라고 부르기로 하자. 편광 상태가 무작위인 광자를 조사(照射)하면 50퍼센트의 확률로 투과하거나 차단된다.

정지한 원자로부터 방출되어 같은 방향으로 직선 편광한 광자 1과 광자 2를 투과축의 방향이 평행해지도록 조정한 편광판에 각각 조사한다. 양자론의 예측에 따르면 이때 한쪽이 투과할 경우 다른 쪽도 확실히 투과하고, 한쪽이 차단될 경우 다른 쪽도 차단된다(도판 9-1). 이 예측을 실험으로 검증하려면 한 번의 실험만으로는 충분치 않다. 우연히 그렇게 됐을 가능성을 배제하기 위해 여러 차례 실험을 반복해야 한다. 실제로 광자의 쌍을 생성하고 그 광자 상태에 관해 조사한 결과, 양자론의 예측과 같은 결과를 얻을 수 있었다.

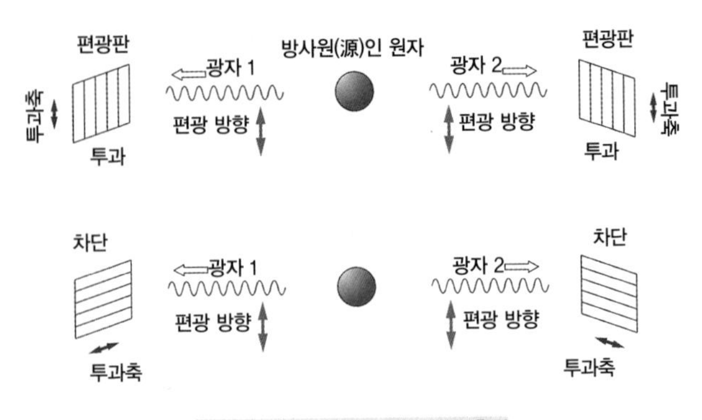

도판 9-1 · 두 광자의 편광 상태 측정

투과축의 방향이 같은 편광판으로 편광 상태를 측정하는 것은 EPR이 제안한 사고실험에서 두 입자 모두의 위치를 측정하는 일에 해당한다. 그리고 투과축의 방향이 같은 편광판을 두 광자가 함께 투과한다는 것은 EPR 실험으로 치환하면 측정된 두 입자의 위치가 일정 관계에 있음을 의미한다.

편광 상태에 관한 이 결과는 딱히 신기한 것이 아니다. 광자 1이 편광판을 투과했다는 정보가 텔레파시처럼 광자 2에 전달되어 반드시 투과하도록 편광 상태를 변화시켰다고 생각할 필요는 없다.

편광의 사례가 신기한 것이 아님을 이해할 수 있도록, 참고가 되는 사례로 (187쪽의 도판 7-3처럼) 원형인 컵에 담긴 물을 진동시키는 경우를 생각해 보자. 컵 2개를 붙여놓고 같은 방향으로 진동시킨 뒤 서로 떨어트려 놓은 다음 한쪽 컵의 진동 방향을 관측하면 그 순간에 다른 쪽 컵의 진동 방향을 알 수 있다. 이는 관측 결과가 한순간에 전달되어 다른 쪽의 진동 상태를 변화시킨 것이 아니라, 그저 최초의 단계에서 같은 방향으로 진동하고 있었기 때문이다.

편광의 사례와 비슷하게 만들기 위해 컵 속 물의 진동을 직접 눈으로 볼 수는 없고 관측용 공진기를 공진시킬 수 있느냐 없느냐로 진동 방향을 조사한다고 가정하자. 공진기는 공진축이 정해져 있으며, 물의 진동 방향이 이 축에 대해 45도 이하라면 공진이 일어난다고 가정한다(도판 9-2). 이때 두 컵에 대해 공진축이 평행인 공진기 2대를 준비해 공진의 유무를 관측

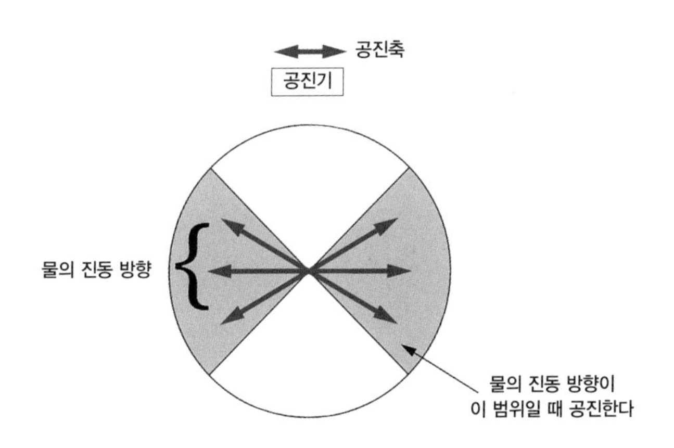

도판 9-2 • 물의 진동 방향 측정

하면 어떻게 될까? 서로 떨어져 있는 두 컵이 모두 공진하거나 모두 공진하지 않는, 편광의 사례와 매우 유사한 결과를 얻을 수 있음을 잠깐만 생각해 봐도 알 수 있을 것이다.

관측 결과가 서로 영향을 끼친다?

물리학적으로 흥미로운 것은 두 편광판의 투과축이 평행하지 않고 일정 각도를 이뤘을 경우다. EPR의 사고실험에 대입하면 한쪽 입자는 위치 대신 운동량을 측정하는 것에 해당한다. 다만 EPR이 1회의 실험만을 가정한 데 비해, 봄은 수많은 실험을 실시했을 때 투과냐 차단이냐에 관한 통계가 어떻게 될지를 문제로 삼았다.

어떤 두 현상에 관한 통계적 데이터를 비교했을 때 서로 관계가 없다면 '상관관계가 없다', 같은 경향성을 보이면 '양의 상관관계가 있다'라고 말한다. 편광의 경우, 투과축 사이의 각도가 0이라면 편광 상태가 같은 광자는 양쪽 모두 투과하거나 양쪽 모두 차단되거나 둘 중 하나다. 이처럼 두 현상이 완전히 똑같아질 경우는 상관계수가 1이 된다. 상관계수란 다수의 데이터를 집계함으로써 구할 수 있는 양으로, 엄밀한 수학적 정의가 있지만 여기에서는 그 정성적(定性的)인 움직임에만 주목하자.

투과축 사이의 각도를 0에서 늘려나가면 한쪽은 투과해도 다른 쪽은 투과하지 못하는 경우가 많아지기 때문에 상관계수는 1에서 감소하게 된다(도판 9-3). 그리고 어떤 시점에 한쪽은 투과해도 다른 쪽은 50퍼센트의 확률로 투과하거나 투과하지 못하게 된다. 이것이 서로 상관관계가 없는 상태에 해당하며, 상관계수는 0이다. 여기에서 각도를 더 늘리면 한쪽이 투과할 때 다른 쪽은 차단될 확률이 높아져 '음의 상관관계가 있는' 사례가 된다. 투과축을 직교시키면 한쪽이 투과할 경우 다른 쪽은 확실히 차단된다. 이처럼 두 현상이 완전히 반대될 때의 상관계수는 −1이다.

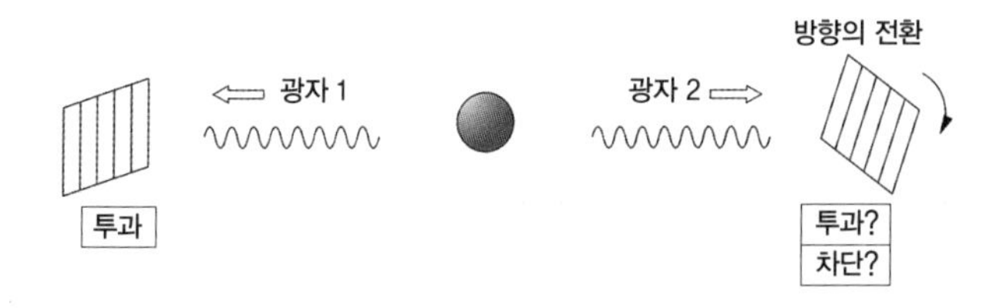

도판 9-3 • 관측하는 편광 방향의 전환

이와 같은 상관계수의 변화는 어떻게 이해해야 할까? 데이비드 봄은 원자에서 방출된 시점에 각각의 광자가 정해진 한 방향으로 직선 편광하고 있었다고 가정하면 상관계수의 변화를 설명할 수 없음을 보여줬다. 그리고 타원 편광 등의 사례도 고찰해, 역시 상관계수가 설명되지 않는다고 논했다.

양자론은 이러한 봄의 가정에 속박되지 않는다. 직선 편광 상태에 있는 광자도 정해진 하나의 방향으로 정확히 진동하는 것이 아니라 불확정성원리 때문에 편광의 방향이 정해지지 않는다. 파울리 등이 구축한 편광 상태의 양자론을 사용하면 두 광자 사이에서 보이는 상관계수의 변화를 설명할 수 있다.

집계했을 때 비로소 알게 되는 것

EPR이나 봄이 고안한 유형의 실험을 할 때, 양자론에서는 예측되지만 '관측되는 물리량의 값이 관측 전부터 하나의 값으로 정해져 있었다'라고 가정할 경우 이끌어 낼 수 없는 상관관계가 생겨난다. 이런 상관관계가 EPR 상관관계다. EPR 상관관계는 수많은 실험에서 실제로 측정되었으며, 상관계수는 양자론에서 예측되는 값과 일치했다.

EPR 상관관계를 보여주는 물리적 상태가 양자 얽힘이며, 영어로는 'entanglement'라고 한다. 참고로 '얽힘'이라는 명칭은 양자론으로 물리적 상태를 나타냈을 때의 식의 형태에서 유래했다. 한쪽 상태와 다른 쪽 상태의 곱이 포함되는데, 기준을 어떻게 선택하느냐에 따라 곱셈의 상대가 복잡하게 교체되기 때문에 '얽힘'은 매우 적절한 표현이라고 할 수 있다.

양자 얽힘에 관해 생각할 때 잊어서는 안 될 포인트가 둘 있다.

첫째는 이 현상이 통계적인 것이라는 점이다. 상관계수의 값은 수없이 반복해서 측정했을 때 데이터의 통계적인 움직임으로 구할 수 있다. 개중에는 마치 한 번의 실험으로 양자 얽힘 유무를 알 수 있는 것처럼 기술한 해설서도 있지만, 실제로는 실험을 여러 차례 실시해 데이터를 집계했을 때 비로소 양자 얽힘이 있었음을 확인할 수 있다.

그리고 둘째는 양자 얽힘이 텔레파시 같은 원격 상호 작용을 의미하는 것이 아니라는 점이다.

양자 얽힘은 텔레파시가 아니다

원자로부터 방출되는 두 광자를 이용한 실험은 이미 수없이 반복되고 있으며, 양자론의 예측대로임이 밝혀졌다. 다만 한쪽의 광자를 관측한 행위가 다른 쪽의 상태를 인과적으로 변화시킨 것은 아니다. 이는 광섬유를 사용해서 충분히 멀리 떨어트린 다음 원자시계를 이용해 관측 순서를 정밀하게 조정하는 실험을 통해 확인되었다.

'한쪽을 관찰한 순간 다른 쪽이 변화한다'라는 해석은 양자장론의 원리와도 모순된다. 양자장론에는 '물리적인 상호작용은 광속을 뛰어넘는 속도로 전달되지 않는다'는 상대성이론의 원리가 이론 형식 속에 들어있으므로, 순간적으로 먼 곳까지 전달되는 상호작용은 불가능하다. 만약 그런 상호작용이 존재한다면 초광속 통신이 가능해지겠지만, EPR 상관관계의 존재를 조사하는 수많은 실험이 실시되었음에도 초광속 통신의 가능성을 보여주는 데이터는 나오지 않았다.

사실 두 광자의 편광 상태에서 볼 수 있는 상관관계는 원자론이 아니더라도 간단한 모델을 사용해 봄의 부정적인 이론을 회피할 수 있다. 봄은 편광 방향이 관측자로부터 특정 방향에 있었다고 가정할 경우 실험 데이터와 어긋나게 된다는 것을 보여줬는데, 값이 정해져 있는 것이 관측되는 물리량이라는 조건을 떼어내고 '숨겨진 변수'를 가정하면 빠져나갈 길이 생긴다.

서로 떨어져 있는 원형 컵 속 정상파의 진동 방향을 공진기가 공진하느냐 공진하지 않느냐로 조사하는 실험을 다시 한번 생각해 보자. 먼저 두 공진기의 공진축이 같은 방향이어서 언제나 양쪽 모두 공진하거나 공진하지 않는 상관계수 +1의 관계라고 가정한다. 이때 한쪽 공진기의 공진축 방향을 살짝 바꾸면 공진하는 범위로부터 벗어날 때가 있으므로, 한쪽은 공진하는데 다른 쪽은 공진하지 않는 경우가 생긴다(231쪽 도판

9-2 참조). 이 경우 상관계수는 처음의 +1에서 감소한다. 두 공진기 사이에서 공진축의 각도가 점점 커지도록 만들면 상관계수는 연속적으로 감소하며, 90도가 되면 한쪽이 공진할 때 다른 쪽은 반드시 공진하지 않게 되어 상관계수가 -1이 된다.

공진기를 사용한 측정에서는 공진한다고 해서 물의 진동 방향이 공진기의 공진축 방향과 일치한다고 확정할 수 없다. '실제로 물이 어떤 방향으로 진동하고 있는가?'라는 관측되지 않은 변수가 있으며, 이 '숨겨진' 변수의 존재를 통해 상관계수의 변화를 설명할 수 있다.

광자의 경우는 직선 편광의 방향이 하나로 확정되어 있지 않으므로 편광이 어떻게 퍼져나가는지를 나타내는 숨겨진 변수를 도입하면 봄의 부정적 이론을 회피할 수 있다. 편광이 어떻게 퍼져나가느냐에 따라 편광판을 투과할 수 있는지 어떤지가 결정된다고 보면, 실제로 발견된 편광 상태의 상관관계를 이끌어 내는 것도 불가능하지 않다.

그런데 1964년에 이런 간단한 모델로는 절대 설명할 수 없는 사례가 있다는 사실을 존 스튜어트 벨이 발견했다. 이것을 나타낸 것이 벨의 부등식이다.

벨의 부등식

데이비드 봄이 예로 든 것은 같은 편광 상태에 있는 두 광자를 서로 떨어트려 놓고 투과축이 특정 방향을 향하고 있는 편광판에 각각 광자를 조사(照射)하는 실험이었다. 이에 대해 벨은 편광판의 방향을 바꿨을 경우의 상관관계를 조사했는데, 그 결과 몇 가지 조건이 충족된다면 상관계수를 조합한 양이 어떤 한계치 이하여야 한다는 사실을 발견했다. '상관계수의 조합이 한계치 이하가 된다'는 대소 관계가 '벨의 부등식'이라고 불리는 식이다.

양자론(양자장론이 아니라 슈뢰딩거나 하이젠베르크가 만든 양자역학)에 입각한 형식적인 계산에 따르면 벨의 한계가 돌파되는 결과가 예측된다. 1982년에 알랭 아스페 등이 실시한 실험에서는 양자론의 예측대로 한계치를 넘어서는 데이터가 나왔다. 그 후 다양한 사례에 관해 실험이 거듭되었는데, 그 결과는 전부 양자론의 예측이 옳음을 말해줬다. 다만 벨의 부등식을 이끌어 내는 데 필요한 조건 가운데 무엇을 양자론이 충족시키지 않는지는 형식적인 계산만으로는 알 수 없다.

여기에서 중요한 점은 양자론이 아직 완성된 이론이 아니라는 것이다. 제8장에서 소개한 탈간섭의 메커니즘은 엄밀하게 정식화되었다고는 말하기 어렵다. 양자역학(입자의 양자론)

이 양자장론의 근사에 불과하다는 견해는 옳다고 믿지만, 화학변화 같은 현상을 양자장론의 견지에서 재검토하는 일은 거의 시도되지 않고 있다. 빛이 편광판에 조사되었을 때 배향된 분자가 전자기장과 어떤 상호작용을 해서 빛을 투과시키거나 투과시키지 않는지도 알지 못한다. 이런 상황이기에 벨의 부등식이 성립하지 않는 이유를 철저히 논의하는 것은 물리학의 기초를 해명하는 데 반드시 필요한 작업이다.

벨이 제시한 한계가 돌파되었다는 실험 결과는 물리학적으로 무엇을 의미할까? 이 질문에 답하려면 벨의 부등식을 이끌어 낼 때의 조건이 무엇인지를 검토할 필요가 있다.

첫 번째 조건은 '고립된 물체의 움직임은 물체 내부의 물리적 변수가 어떤 범위에 있느냐에 따라 일의적으로 결정된다'는 것이다. 물리적 변수란 결정 내 원자가 균형을 이루는 위치에서 얼마나 벗어나 있는지를 나타내는 변위처럼, 상태에 따라서 값이 변하는 물리량을 가리킨다. 변수의 값을 바꾸지 않는 이상적인 관측이라면 어떤 관측 결과를 얻을 수 있는지도 내부 변수의 범위 안에서 결정된다.

이 조건은 물체의 움직임을 결정하는 것이 '변수의 값'이라는 실재적인 요소임을 전제로 삼는다. 또한 변수가 물체 내부로 한정되므로, 공간을 뛰어넘는 원격 작용이 존재하지 않는다는 의미도 내포하고 있다. 따라서 국소 실재론의 공준이라고 해도 좋을 것이다.

그리고 이 공준과 함께 변수가 특정 범위에 들어갈 확률(물리학자들은 '측도'라는 전문 용어를 사용한다)을 충족하는 조건이 필요하다.

지금까지의 추상적인 이야기만으로는 알기가 어려울 터이므로 구체적인 예를 들어보겠다. 중력이나 공기저항을 무시할 수 있는 장소에서 사방팔방으로 아무렇게나 쏜 권총의 탄환이 작은 표적에 명중할 확률을 생각해 보자(도판 9-4). 권총의 위치를 중심으로 표적까지의 거리를 반지름으로 삼는 구면을 그리면, 아무렇게나 쏜 탄환은 이 구면의 모든 지점에 같은 확률

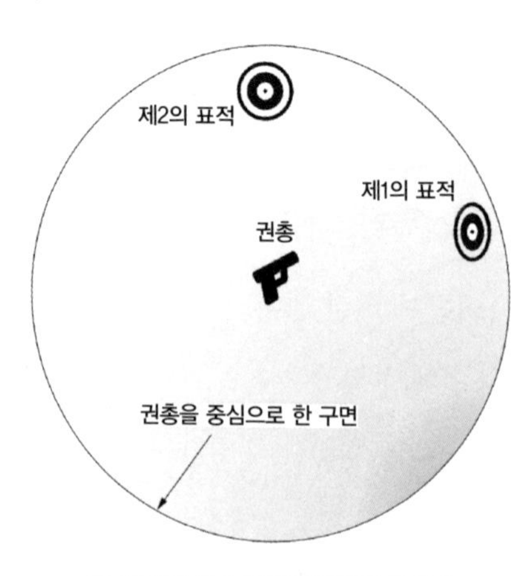

도판 9-4 • 탄환이 표적에 명중할 확률

로 도달한다. 따라서 표적에 명중할 확률은, 표적의 면적을 구면의 면적으로 나눈 값과 같다. 이 값은 표적의 면적과 위치가 일정할 경우 정해진 플러스의 값이 된다. 이처럼 확률이 정해진 플러스의 값이 된다는 성질은 확률론의 대원칙으로 여겨진다.

상황이 복합적으로 되었을 경우의 확률은 개별적인 확률을 더하거나 빼서 구할 수 있다. 권총으로부터 같은 거리에 2개의 표적이 있을 경우, 어느 한쪽의 표적에 명중할 확률은 각각의 표적에 명중할 확률의 합에서 표적이 겹친 부분에 명중할 확률을 뺀 값이 된다. 덧셈이나 뺄셈을 이용하는 확률 계산도 확률론의 기본이다.

벨의 부등식은 '변수의 범위에 따라 관측 결과가 일의적으로 결정된다', '변수가 어떤 범위에 들어갈 확률은 정해진 플러스의 값이 된다', '복합적인 상황의 확률은 개별적인 확률을 더하거나 빼서 구할 수 있다'는 조건을 가정하면 수학적인 식 변형만으로 도출된다. '편광판의 각도를 바꿔서 두 광자의 편광 상태를 관측한다'는 벨이 제안한 실험은 복합적인 상황에 해당하므로 확률을 더하거나 빼서 벨의 부등식을 이끌어 낸다.

해답이 발견되지 않는 문제와 그 의미

벨이 구한 한계가 돌파되었으므로, 양자론의 예측대로 되는 현실 세계에서는 벨의 부등식을 구할 때 가정한 조건 중 무엇인가가(혹은 너무나도 당연해서 고려하지 않았던 어떤 다른 조건이) 성립하지 않는 셈이 된다. '변수의 범위에 따라 관측 결과가 일의적으로 결정된다'는 조건이 타당하지 않다면 국소 실재론은 부정된다. 멀리 떨어져 있음에도 직접적인 접촉이 있는 것일까?

현재도 정답은 발견되지 않았지만, 내가 가장 있을 법하다고 느끼는 것은 확률의 덧셈이나 뺄셈에 관한 법칙이 파괴됐을 가능성이다. 벨이 제안한 실험은 단순히 멀리 떨어트려 놓은 두 광자 각각의 관측 결과를 비교한 것이 아니다. 편광판의 투과축을 전환하는 조작을 통해서 같은 광자에 대한 두 종류의 물리량 관계를 문제로 삼았다. 멀리 떨어져 있는 상태가 아니라 자신하고만 관련이 있는 물리량이므로 양자 사이에 어떤 간섭이 발생할 가능성은 부정할 수 없다.

간섭이 발생하면 어떤 현상이 일어날 확률은 이 현상을 개별적인 과정으로 나눴을 때의 확률을 더하거나 빼서 구할 수 없게 된다. 가령 이중 슬릿 실험에서 전자가 스크린의 특정 지점에 도달할 확률은 한쪽 슬릿을 통과해 스크린에 도달할 확률의 합이 아니다. 각각의 슬릿에서 오는 파동의 간섭으로 확률이 변동해 간섭무늬가 생긴다. 권총의 탄환이 표적에 명중하느냐 명중하지 못하느냐는 확률도 표적이 겹쳤을 때 표적끼리 서로 어떤 작용을 끼쳐서 면적이 변화한다면 단순히 더하거나 빼서 확률을 계산할 수 없게 된다.

벨의 한계가 돌파된 것을 과도하게 평가해서, 양자론이 성립하는 현실 세계에서는 멀리 떨어져 있는 시스템이 텔레파시처럼 원격 작용으로 연락을 주고받는다고 해석하는 사람도 있다. 혹은 '인과율이 파괴되었다'든가 '객관적인 실재는 없다' 같은 주장도 있다. 그러나 벨의 부등식이 파괴되는 것이 그 정도로 본질적인 사건일까? 실제로 보고된 사례는 상당히 특수한 실험에 한정된다. 원자로부터 방출된 두 광자의 편광 상태의 상관관계 같은, 자연계에서 그렇게 큰 의미를 지닌다고는 생각되지 않는 인위적인 사례, 그것도 직접적인 관측 결과가 아니라 데이터를 집계해야 비로소 알 수 있는 드문 사건이다. 이런 상황을 감안하면 내게는 EPR 상관관계나 양자 얽힘이 자연계의 근간과 관련이 있는 중대한 현상으로는 도저히 생각되지 않는다.

벨의 한계가 돌파되었다고 해서 원격 작용의 유무나 인과율, 객관적 실재의 문제로까지 논의를 확대할 필요는 없을 것이다. 그저 물리현상의 근간에 있는 양자론적인 파동이 간섭을 일으켜 덧셈이나 뺄셈을 사용한 단순한 확률 계산이 통용되지 않게 되었을 뿐 아닐까? 내 견해로는 이렇게 생각하는 편이 가장 합리적이다.

진정한 양자론

양자론은 종종 상식을 거스르는 기묘한 현상을 기술하는 이론으로 소개된다. '슈뢰딩거의 고양이' 같은 것도 그런 비상식적인 현상으로 간주되는 경우가 있었다. 그러나 제7장에서 봤듯이 현실의 세계에서 살아있는 고양이의 상태와 죽은 고양이의 상태가 겹치는 일은, 설령 양자론의 범위라 해도 일어날 수 없다. 살아있는 고양이와 죽은 고양이는 별개의 '역사'에 존재하며, 그중 하나의 역사만이 실현된다는 상식적인 해석을 따른다면 고양이는 살아있거나 죽었거나 둘 중 하나인 것이다. 중첩 상태가 실현되는 것은, 가령 초전도 링에서 전류가 시계 방향으로 흐르는 상태와 반시계 방향으로 흐르는 상태가 겹치는 사례처럼 애초에 '전류는 하전입자의 흐름이다' 같은 고전적인 이미지가 통용되지 않는 영역이다.

양자론은 결코 상식을 벗어난 이해할 수 없는 이론이 아니다. 기본이 되는 것은 물리현상의 근간에 미세한 파동이 존재한다는 발상이며, 세상은 이 파동을 통해 안정과 질서를 얻는다. 갇힌 파동이 공명 패턴이 되는 정상파를 형성함으로써 일정 질량을 가진 소립자가 생겨나고 원자의 에너지가 이산적인 값이 된다. 파동의 패턴이 반복된 결정(結晶)이 거시적인 물질을 형성하며, 고분자로 보이는 다양한 에너지 상태 사이의 전이가 복잡 정묘한 생명현상을 가능케 한다.

양자 효과를 실현하는 미세한 파동 자체는 인간이 느낄 수 있는 규모에서는 거의 표면에 드러나지 않는다. 일상생활의 범위에서는 태양 광선의 회절이나 눈의 결정이 육각형인 것 등 지극히 한정된 현상을 통해 간접적으로 관찰될 뿐이다. 그래서 20세기 초엽의 기술적 진보로 원자 규모에서의 현상이 밝혀지자 거시적인 물질이 따르는 법칙과의 차이가 눈에 띌 수밖에 없었다. 보어는 새로 발견된 현상을 고전론과 조화시키기 위한 철학적 사색에 빠졌다. 19세기에 확립된 원자론적인 자연관에 푹 빠져있었던 하이젠베르크나 디랙은 '입자가 파동의 법칙을 따른다'는 이론을 모색했다.

그러나 거시적·미시적인 것을 불문하고 세상에서 일어나는 모든 사건이 그 근간에 있는 파동성의 발현이라고 해석하면 난해한 철학이나 내부 모순을 내포한 이론은 필요가 없다. 아인슈타인, 슈뢰딩거, 요르단 등이 단계적으로 만들어 낸 양자장론은 파동만이 존재하는 일원론적인 세계관을 지지한다.

양자론이 너무나도 이해하기 어려운 이론이 된 원인은 아마도 하이젠베르크나 디랙이 추상적인 수학을 바탕으로 체계화를 진행한 데 있을 것이다. 하이젠베르크는 보른과 요르단이 발견한 '교환관계'를 원리로 삼는 체계적인 이론을 세 사람의 공동 논문에서 전개했고, 디랙도 독자적으로 같은 방향의 연구를 진행했다. 이 조류에 20세기 최고의 수학자로도 불리는 존 폰 노이만이 가세함으로써 힐베르트 공간이라는 추상 수학의 도구를 사용한 양자론의 체계가 완성된다.

그러나 이렇게 해서 얻은 수학적 체계가 물리현상을 정확히 기술한다고는 도저히 믿기 어렵다. 애초에 제5장에서 설명한 교환관계가 정말로 원리라는 증거도 없다. 교환관계는 양자장론으로도 확장되어 '정준 양자화'라고 부르는 엄격한 수법의 출발점이 되었다. 그러나 관점에 따라서는 출발점으로 삼아야 할 원리가 아니라 파동의 성질을 추출한 관계식이라고 해석할 수도 있다. 양자장론에서 교환관계의 내용을 말로 표현하면 '어떤 순간의 장의 강도는 직전의 강도와 특정한 관계에 있다'가 된다. 이는 어떤 유형의 파동이 장에 생겨났다고 생각하면 자연스럽게 도출되는 성질이다. 그런 성질이 이론 체계의 출발점으로서 걸맞은지 의문을 느끼지 않을 수 없다.

추상 수학에 바탕을 둔 이론이 안고 있는 가장 큰 문제점은 '무슨 일이 일어나고 있는가?'를 구체적으로 떠올릴 수 없다는 점일 것이다. 수식만으로 생각하면 '왜 원자는 특정 에너지 상태에서 안정되는가?', '이중 슬릿 실험에서 전자는 어떤 운동을 하고 있는가?' 등의 문제에 관해 양자론의 체계를 모르는 사람도 이해할 수 있도록 설명할 수가 없게 된다.

이론물리학의 학계에는 수학적인 체계야말로 최선이라고 생각하는 이들이 있다. 그들은 간단한 수식으로 표현되는 원리에서 출발해 수학적으로 엄밀한 수법을 사용해서 이론을 전개함으로써 온갖 물리현상을 설명하려 한다. 나는 개인적으로 물리학 원리주의라고 부르는 이런 발상을 좋아하지 않는다. 원리주의적인 방법론에 집착하면 수학적인 틀에 얽매인 나머지 사물의 본질이 보이지 않게 될 위험이 있다.

물리학 원리주의의 폐해가 가장 두드러지게 나타난 최근의 예로 '초끈 이론'의 부상과 쇠퇴를 들 수 있을 것이다. 초끈 이론은 소립자의 표준 모형을 초월하는 이론으로, 1980년대부터 활발히 연구되었다. 물질의 근간에 있는 것은 1차원적으로 펼쳐지는 끈이라는 이론인데, 처음부터 이론에 대한 수학적

제약이 심해서 직관적으로 이해하기가 어려운 내용이었다. 가령 이론의 정합성을 유지하려면 시공의 차원수가 우리가 눈으로 보는 시간 1차원, 공간 3차원의 4차원이 아니라 10차원이어야 한다. 그러나 '왜 10차원인가?'라는 질문에 대해 초끈 이론을 믿지 않는 사람이 수긍할 수 있는 답을 제시하지 못하고 '이 이론에 입각해서 계산했을 때 앞뒤가 맞으려면 10차원이어야 한다'는 설명밖에 하지 못했다. 실험 데이터와 괴리된 이론이면서도 출발점이 되는 수식을 만지작거리는 것만으로 여러 가지 귀결을 이끌어 낼 수 있기 때문에 수많은 논문이 집필되었다. 실험가와 이론가가 협력해 물리현상을 해명하려는 움직임은 거의 없었고, 실험에 그다지 흥미가 없는 수리 과학자들만이 초끈 이론을 연구했으며, 그들의 논문은 그야말로 수식의 홍수라고 해도 과언이 아니었다.

초끈 이론에 관해 일반 시민을 대상으로 한 책도 많이 출판되어 마치 21세기의 이론물리학을 선도하는 듯이 홍보되었다. 초끈 이론 연구자들이 주요 대학교 소립자론 연구실에서 중요한 자리를 점령하는 사태도 일어났다.

그러나 초끈 이론은 21세기에 들어설 무렵부터 급속히 기세를 잃어갔다. 시간이 지나도 초끈 이론을 뒷받침하는 데이터가 발견되지 않았기 때문이다. 현재 초끈 이론을 통해서 메커니즘이 해명된 물리현상은 전무하다고 해도 과언이 아니다. 1990년대에는 온갖 물리현상을 해명하는 '만물의 이론'으로 추앙받았지만, 지금은 애초에 초끈 이론이 자연계의 근간에 있는 법칙과 관계가 있는지도 의심받고 있다. 그뿐만 아니라 단지 연구의 부산물로 발견된 수학의 정리를 양자 정보 이론이라는 분야에 응용할 수 있을지도 모른다는 이야기가 있을 정도다.

초끈 이론은 뭐가 문제였을까? 단적으로 말하면, 지나치게 수식에 의존했다. 물리현상을 해명하려면 실제 현상에 주목해야 한다. 강입자(양성자나 중성자, 중간자 등의 총칭. 하드론이라고도 한다)란 무엇인가를 연구했던 1970년대의 소립자 연구자들은 가속기를 사용해 소립자와 소립자를 고속으로 충돌시켰을 때의 반응을 조사함으로써 양성자와 중성자의 내부 구조가 어떻게 되어있는지를 모색했다. 그리고 하나하나를 자세히 설명할 수는 없지만, 중간자는 끈처럼 길게 뻗은 구조라는 끈 이론이나, 해상도를 높이면 새로운 구성 요소가 차례차례 발견될 것이라고 주장한 쪽입자(파톤) 모형, 군론을 사용해 소립자가 여러 종류인 이유를 설명하는 비가환 게이지 이론 등 수많은 이론이 차례차례 고안되었다. 대규모 실험 장치가 가져다주는 방대한 데이터는 인간의 지성으로는 온전히 파악할 수 없는 현상들을 차례차례 드러냈다. 이렇게 되면 아무리 천재적인 물리학자라 해도 그것 하나로 모든 것을 해명할 수 있는 완벽한 이론을 고안하기는 불가능해진다. 강입자의 수수께끼에 도전했던 물리학자들은 서로 지혜를 짜내 개별적으로 제안된 이론을 조합함으로써 비로소 소립자의 표준 모형이라는 최선의 솔루션을 찾아낸 것이다.

그런데 초끈 이론은 출발점이 되는 수학적인 틀이 엄격하게 정해져 있기 때문에 오로지 수식을 만지작거리는 연구밖에 할 수가 없었다. 이처럼 실제 물리현상에서 수많은 지식을 얻을 길이 끊어져 있었던 것이 초끈 이론이 발전하지 못하고 점차 외면당하게 된 원인이다. 물리학 원리주의 방법론이 파탄을 맞이한 예라고 할 수 있을 것이다.

하이젠베르크를 중심으로 구축된 정준 양자화 수법도 초끈 이론에 가까운 원리주의적인 방식이다. 다만 양자론의 경우 관련된 실험이 풍부하게 실시되고 있기도 해서 직관적으로 이해할 수 있는 별개의 수법도 개발되고 있다.

정준 양자론에 대항하는 수법으로 '경로적분법'이라는 것이 있다. 1949년 파인만이 원형이 되는 아이디어를 제안했고, 그 후 수많은 물리학자가 개량을 거듭해 왔다. 정준 양자화가 추상 수학의 도구를 사용해서 기술하고 상태 변화를 미분방정식으로 나타내는 데 비해, 경로적분법은 이론의 근간에 파동의 중첩이 있으며 미분 대신 적분을 사용한다.

경로적분법은 미분방정식에 의존하는 이론과 달리 다음 순간에 무슨 일이 일어날지가 완전히 결정되지 않는다. 일어날 수 있는 다양한 변화 속에서 안정성이 높은 경로가 자연스럽게 선택된다. 장소에 따라 굴절률이 다른 매질 속을 나아가는 빛의 파동이 페르마의 원리에 따라 자연스럽게 광학적 거리가 최단이 되는 경로를 나아가듯이.

이 수법의 결점은 정준 양자화만큼 수학적으로 딱 들어맞진 않는다는 것이다. 그런 탓에 원리주의자들의 비판을 받기도 한다. 그러나 경직된 정준 양자화와 달리, 경로적분에 지배되는 세상은 어떤 상황에 빠지더라도 (이론이 파괴되는) 특이점을 발생시키지 않고 대응할 수 있는 유연성을 갖추고 있다. 미분방정식을 형식적으로 적용하면 살아있는 고양이와 죽은 고양이가 중첩되는 등 있을 수 없는 귀결이 도출되지만, 경로적분법은 그런 무리한 주장을 하지 않는다. 설명하려면 고도의 수학이 필요한 까닭에 구체적으로 소개하진 않겠지만, 파동이 물리현상을 형성한다는 경로적분법의 기본 아이디어는 이 책에서 했던 논의의 배경과 일맥상통한다.

양자론은 근간에 존재하는 미세한 파동이 서로 간섭함으로써 이 세상이 유연하게 변화하고 있음을 분명히 하는 이론이다. 공명 패턴이 되는 정상파가 질서를 형성하고, 생명현상 같은 복잡한 사건도 가능케 한다.

이것이 내가 생각하는 '진정한 양자론'이다.

주석

1. 보어가 어떤 사고 과정을 거쳐서 원자모형에 도달했는지는 《보어 혁명: 원자모형에서 양자역학으로(ボーア革命: 原子模型から量子力学へ)》(레온 로젠펠트 지음, 에자와 히로시 옮김, 일본평론사)에 자세히 나와있다.

2. 행렬역학의 구축 과정, 특히 하이젠베르크와 보른과 요르단의 역할 분담에 관해서는 《양자역학의 근원(Sources of Quantum Mechanics)》(바르털 레인더르트 판데르바르던 편저, Dover)에 수록된 각 논문과 해설을 참고했다.

3. 《세계의 명저 66 현대의 과학 2(世界の名著66 現代の科学2)》(주오코론사)에 일본어 번역본이 수록되어 있다. 〈양자론적인 운동학과 역학의 직관적 내용에 관해(Über den anschaulichen Inhalt der quantentheoretischen Kinematik und Mechanik)〉(하이젠베르크 지음, 가와베 로쿠오 옮김).

4. 《슈뢰딩거 선집 1—파동역학 논문집(シュレーディンガー選集1—波動力学論文集)》(유카와 히데키 감수, 교리쓰출판), p.71 각주.

5. 도모나가 신이치로 지음, 〈양자역학과 나〉, 《도모나가 신이치로 저작집 11(朝永振一郎著作集11 量子力学と私)》(미스즈쇼보) 수록.

6. 《세계의 명저 66 현대의 과학 2》에 일본어 번역본이 수록되어 있다. 〈양자역학의 현재 상황(Die gegenwärtige Situation in der Quantenmechanik)〉(슈뢰딩거 지음, 이노우에 다케시 옮김).

옮긴이_ 김정환

건국대학교 토목공학과를 졸업하고 일본외국어전문학교 일한통번역과를 수료했다. 현재 번역 에이전시 엔터스코리아 출판기획 및 일본어 전문 번역가로 활동하고 있다. 공대 출신 번역가로서 공대의 특징인 논리성을 살리면서 번역에 필요한 문과의 감성을 접목하는 것이 목표다. 옮긴 책으로 '재밌어서 밤새읽는' 시리즈, 《그림으로 보는 상대성이론》, 《일상 속 숨어 있는 생물학 이야기》, 《세계사를 바꾼 화학 이야기》, 《시간은 되돌릴 수 있을까》, 《세상을 바꾼 질병 이야기》 외 다수가 있다.

감수_ 강형구

서울대학교 인문대학 철학과에서 과학철학을 공부하고, 서울대학교 자연대학 과학사 및 과학철학 협동과정에서 과학철학자 한스 라이헨바흐를 중심으로 하는 논리경험주의 시간과 공간 철학을 주제로 석사 및 박사 학위를 받았다. 현재 국립목포대학교 교양학부 과학기술철학 전공 조교수로 재직 중이다. 지금까지 《나우 : 시간의 물리학》(공역), 《시간의 물리학》 등 7권의 과학철학 책을 번역했으며, 총 11편의 과학철학 학술논문을 학술지에 게재했다.

모든 것에 양자가 있다

초판 1쇄 인쇄 2024년 6월 3일
초판 1쇄 발행 2024년 6월 21일

지은이 | 요시다 노부오
옮긴이 | 김정환
감 수 | 강형구
발행인 | 강봉자, 김은경

펴낸곳 | (주)문학수첩
주소 | 경기도 파주시 회동길 503-1(문발동633-4) 출판문화단지
전화 | 031-955-9088(대표번호), 9532(편집부)
팩스 | 031-955-9066
등록 | 1991년 11월 27일 제16-482호

홈페이지 | www.moonhak.co.kr
블로그 | blog.naver.com/moonhak91
이메일 | moonhak@moonhak.co.kr

ISBN 979-11-93790-14-4 03420